常州博物馆藏
世界名蝶

常州博物馆 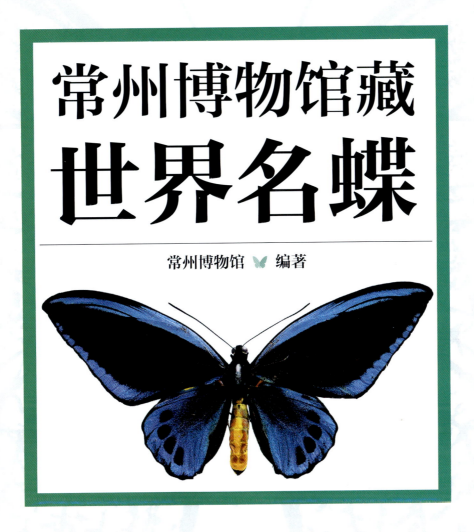 编著

科学出版社
北京

内 容 简 介

　　本书是一本介绍中外蝴蝶的专业性书籍，分上、下篇。上篇通过简洁的文字和精美的插图对蝴蝶的起源分类、形态构造、生态习性等进行科学的描述；下篇介绍常州博物馆藏的中外名蝶，涉及闪蝶、凤蝶、蛱蝶等14个科，239属，632种。每种蝶均有正反彩图，并标有性别、产地及翅展尺寸。本书充分吸收了国际上最新的蝴蝶分类研究成果，对之前国内一些蝶类书刊中出现的定名错误或不妥之处作了相应的订正，并特别增加了近几年国内市场上新出现的国外蝶种。

　　本书可作为专业工作者及蝶类收藏者鉴别中外名蝶的专业用书，也适于普通蝶类爱好者浏览欣赏。

图书在版编目（CIP）数据

常州博物馆藏世界名蝶 / 常州博物馆编著. —北京：科学出版社，2015.12
ISBN 978-7-03-047006-5

Ⅰ.①常… Ⅱ.①常… Ⅲ.①蝶-世界-图集 Ⅳ.①Q964-64

中国版本图书馆CIP数据核字（2016）第009795号

责任编辑：孙 莉 范雯静／责任校对：钟 洋
责任印制：肖 兴／书籍设计：北京美光制版有限公司

科 学 出 版 社 出版

北京东黄城根北街16号
邮政编码：100717
http://www.sciencep.com

北京利丰雅高长城印刷有限公司 印刷

科学出版社发行　各地新华书店经销

*

2015年12月第 一 版　　开本：889×1194　1/16
2015年12月第一次印刷　　印张：23 3/4
字数：655 000

定价：368.00元

（如有印装质量问题，我社负责调换）

编　委

策　　划｜林　健　邵建伟

主　　编｜万永红

编　　委｜（按姓氏笔画顺序排列）

万永红　韦　曙　雷倩萍　蔡开明

标本摄影｜蔡开明　韦　曙　雷倩萍

绘　　图｜雷倩萍

序 FOREWORD

　　常州博物馆成立于 1958 年，是一座集历史、自然、艺术于一体的综合性博物馆（含江苏省唯一的一家少儿自然博物馆）。早在 1985 年，从中国科学院宜昌地质矿产研究所调任常州博物馆的林甲兴先生创建了以搜集、展示和研究生物标本为职责的自然部，随后万永红女士等人陆续加盟，科研队伍不断加强。三十年来，常州博物馆在标本收藏的研究与利用、展示教育功能的创新与拓展、社会服务理念的探索与实践等方面都取得了长足的进步和明显的成效。先后荣获"全国科普教育基地"、"江苏省优秀科普场馆"等荣誉称号，《神奇的自然　美丽的家园——常州地区自然资源陈列》获得第八届全国陈列展览评选之最佳创意奖。

　　标本收藏是自然类博物馆开展业务工作和科普活动的物质基础。自然部全体成员一方面对本地区自然资源进行全面的考察，采集各种生物标本，以丰富馆藏；另一方面有的放矢、循序渐进地征集国内外各类自然标本。经过多年的艰苦积累，常州博物馆初步形成了昆虫、海贝、鸟类、兽类、地方性中草药、矿物晶体六个系列的特色收藏。

　　作为常州博物馆自然标本特色之一的蝴蝶藏品，是 20 世纪 90 年代初，由自然部专业人员从零开始，一件件标本的采集征购、设计制作，一件件标本的鉴定研究、资料查阅，一件件标本的尺寸衡量、图片拍摄等逐渐累积，蝴蝶收藏范围遍及亚洲、美洲、非洲和大洋洲等多个国家和地区。二十多年的磨砺，正是这些有如细雨润土、飘雪落积的前期工作，因此才水到渠成的有《常州博物馆藏世界名蝶》和读者的见面。可以说，果实的收获固然令人欣喜，而辛勤耕耘的过程更富感人的魅力。

　　我们期待能和读者共同分享《常州博物馆藏世界名蝶》带来的乐趣。

常州博物馆馆长　林健

2015 年 12 月 8 日

蝴蝶是地球上最美丽的昆虫。它们色彩绚丽，婀娜多姿，被喻为会飞行的"花朵"、大自然中的"舞姬"。在访花吸蜜的过程中，蝴蝶既帮助植物传授花粉，维持自然界的生态平衡，又以自身斑斓的色彩点缀了大自然，使生命的家园变得更加缤纷灿烂。千百年来，人们赏蝶、赞蝶、爱蝶，既迷恋于蝴蝶的自然属性，又将其幻化成美丽、高雅、坚贞的象征，从"庄周梦蝶""梁祝化蝶"等民间传说，到传统的咏蝶诗文书画，再到如今纷繁多样的民间蝴蝶工艺品，多姿多彩的蝶文化沁人心脾，绵延不绝。

蝴蝶标本是常州博物馆的特色收藏之一。博物馆曾多次举办以蝴蝶为主题的科普展览，希冀通过"蝶之态、蝶之美、蝶之意"以增进民众的环保意识和美好情感。但专业人员在鉴定编目与策展过程中发现，国内介绍中外蝴蝶的专业性书刊总体偏少，内容更新也不快，而描述国外蝶种的资料尤其缺乏，分类定名也存在一定错讹，给专业工作者和蝶类收藏者带来了很多困惑。

《常州博物馆藏世界名蝶》是一本介绍中外蝴蝶的专业性书籍，由常州博物馆专业人员在历经多年艰苦征（采）集、潜心整理和鉴定研究的基础上编著而成。本书分上、下篇，上篇通过简洁的文字和精美的插图对蝴蝶的起源分类、形态构造、生态习性等进行科学的描述；下篇重点介绍馆藏的中外名蝶，涉及凤蝶、绢蝶、粉蝶、闪蝶、环蝶、斑蝶、绡蝶、眼蝶、蛱蝶、袖蝶、珍蝶、蚬蝶、灰蝶、弄蝶14个科，计239个属、632种，且以观赏蝶为主。为了便于读者鉴别比较，书中几乎每件标本均有正反彩图，并标有性别、产地及翅展尺寸。关于蝴蝶的分类定名，本书主要参考了我国著名昆虫学家周尧先生等编著的《中国蝴蝶志》《世界蝴蝶分类名录》等蝶类专著，并吸收了国际上最新的蝶类研究成果，对有些科属进行了重新排序或分拆合并，并对之前国内一些蝶类书刊中出现的定名错误或不妥之处作了相应的订正。关于蝴蝶的分布及产地，境外蝶仅标出国家或地区，国产蝶则列出具体的省份。本书既有严谨的科学性，又有广泛的阅读性，可作为专业工作者及蝶类收藏者鉴别中外名蝶的专业用书，也适于普通蝶类爱好者浏览欣赏。

在本书编写过程中得了相关领导、专家、蝶友和常州宝盛园自然博物馆的热忱关心和大力支持；书中涉及的大量蝴蝶生态图片主要由肖洪坤先生友情提供，在此深表谢意。另外在馆藏蝴蝶标本前期积累过程中，林甲兴、孙全英、路亚北等前辈和同仁付出了大量的辛劳，在此一并表示感谢。

由于作者水平有限，书中难免有错漏不妥之处，望同道和读者不吝批评指正。

编著者　万永红

2015 年 5 月 28 日

目录 CONTENTS

上篇 **蝴蝶的生物学特性**

下篇 馆藏名蝶的分类与鉴赏

上篇

蝴蝶的生物学特性

一、蝴蝶的起源

昆虫是地球上古老的动物类群。最原始的无翅类昆虫出现在古生代泥盆纪早期，距今约有 4 亿年的历史。到了晚泥盆世，地球上已演化出原始的有翅类昆虫。石炭纪时昆虫纲蓬勃发展，大型的有翅类昆虫开始征服天空。作为昆虫家族中最亮丽的成员，蝴蝶的起源时间较晚，它们是伴随着作为食物的显花植物的繁盛而演进。迄今为止，有限的蝴蝶化石证据及近年来的研究成果均表明，最原始的蝴蝶出现在白垩纪大绝灭之后的古近纪（早第三纪）。

二、蝴蝶的分类

在动物分类学中，蝴蝶属于节肢动物门、昆虫纲、鳞翅目、锤角亚目。目前全世界被记载的蝴蝶有 20000 多种，根据其特征和进化程度的高低，昆虫学家通常将蝴蝶分为 4 总科 17 科（图 1）。中国有 12 科，2100 种左右。

三、蝴蝶的分布

蝴蝶适应性强，分布广泛。世界上除南极洲外各大陆都能见到它们的倩影，即使在极度寒冷

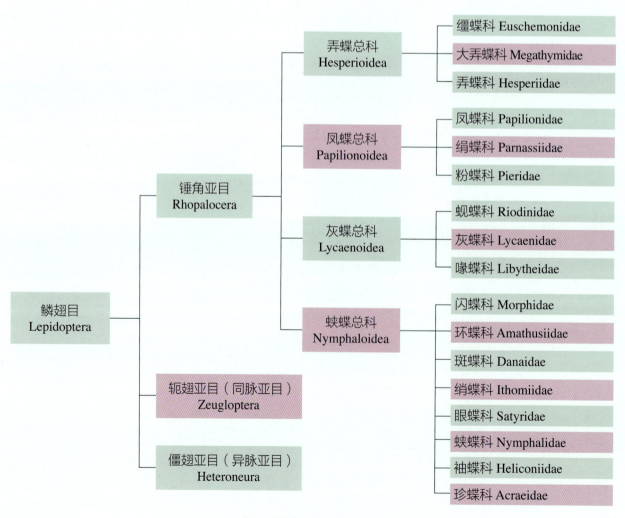

图 1　蝴蝶分类系统分支图

的北极圈内或青藏高原高寒山区的雪线附近也有多种蝴蝶的生存。

参照"世界动物地理分区图"（图2），分布于新热带区的蝴蝶种类最多，特别在南美亚马孙河流域，广袤的热带雨林、丰饶茂密的植被，孕育了世界近半数的蝶种，许多美丽的有观赏价值的蝴蝶，如闪蝶、猫头鹰环蝶、袖蝶等就产于该地区；东洋区和澳洲区的蝴蝶也极为丰富，尤其是在东南亚热带丛林及大洋洲北部和东北部湿热的森林山区盛产大型凤蝶，受国际保护的蝶种多产于这些区域；在非洲热带区，中非的热带丛林是蝴蝶的乐园，并有一些独特的种类栖息；而

在幅员辽阔的古北区蝴蝶种类也相对丰富，因与新北区的气候条件相近，有些种类和生活在北美洲的蝴蝶非常相似。

中国是世界上蝴蝶种类最多的国家之一，且以南方地区较为集中。素有"蝶类王国"之称的云南省，约有蝴蝶630种，居全国首位；排名第二的是海南省，现已发现蝴蝶610种左右；四川省现有蝴蝶530多种，位居第三；以盛产蝴蝶闻名的台湾省，约有蝴蝶420种。中国排在"蝴蝶大省"前八位的分别是：云南、海南、四川、福建、台湾、广西、广东和贵州。

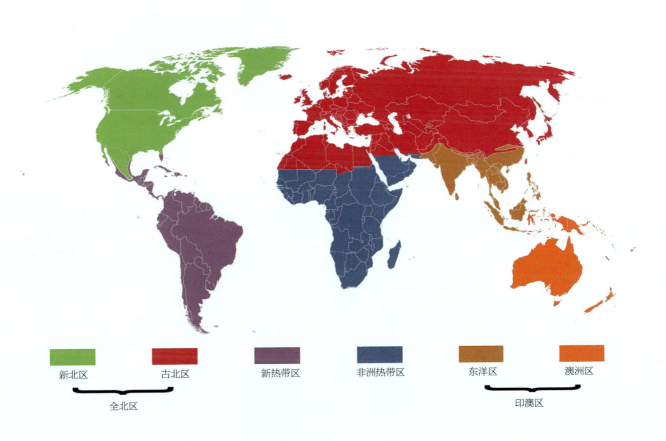

图2　世界动物地理分区图

四、蝴蝶的形态特征

蝴蝶身体分为头部、胸部、腹部三部分。头、胸部由颈部相连。颈部短小，能灵活地转动（图3）。

（一）头部

蝴蝶头部呈圆球形或半球形，是蝴蝶的感觉和摄食中心。头部的上方有一对触角，下方是口器，一对复眼位于头部两侧（图4）。

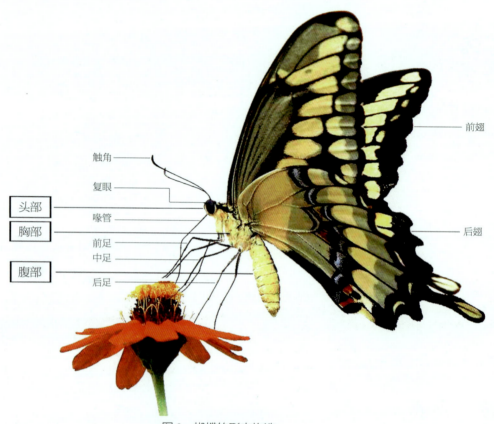

图3　蝴蝶的形态构造

图4　柑橘凤蝶（*Papilio xuthus*）的头部（示复眼、触角、喙）

1. 复眼

复眼是蝴蝶最主要的感光器官，常呈半球形（图5，1）。每只复眼由20000多只呈六边形的小眼构成（图5，2）。每只小眼都是一个独立的感光单位，对所看到的物体形成一个像点，所有小眼的像点组合在一起，才构成一幅完整的物体影像。

在蝴蝶头顶部还有一对小型的单眼。单眼仅能感知光线的强弱和方向，无成像功能。

2. 触角

蝴蝶有一对触角，位于复眼内侧。触角由多节组成，前端部膨大，多呈棒状或锤状（图6；图7）。其上布满了感觉器，它主要负责蝴蝶的触觉、嗅觉和平衡功能。

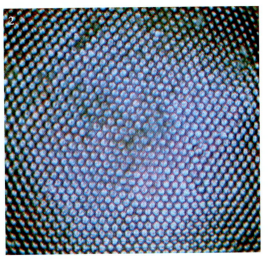

图5　绿带翠凤蝶（*Papilio maackii*）的复眼
1.复眼的外形；2.复眼局部放大

图6　琉璃灰蝶的触角（*Celastrina argiolus*）
（摄影：肖洪坤）

图7　凤蝶触角示意图

3. 口器

口器是昆虫的取食器官。蝴蝶拥有鳞翅目所特有的虹吸式口器，其特点是具有一条能弯曲和伸展的喙管，休息时喙管卷曲缩藏在下唇须间，吸食时可伸出（图8；图9），通过虹吸作用吸食花朵底部的花蜜或水分。

图8　绿带翠凤蝶（*Papilio maackii*）口器放大

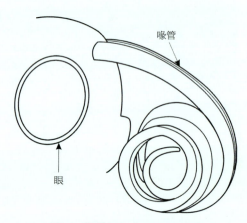

图9　蝴蝶虹吸式口器示意图

（二）胸部

胸部是蝴蝶的运动中枢，结构上分前胸、中胸和后胸三个体节。胸部着生两对翅和三对足。

1. 翅

蝴蝶有前翅和后翅各一对，分别着生在中胸和后胸的背部两侧，通常前翅较大，后翅较小。

（1）翅形　翅一般呈三角形，有明显的三条边，分别称前缘、外缘和后缘；而三个角，分别称基角、顶角和后角，其中后翅的后角也称臀角或肛角（图10）。

（2）脉序　蝴蝶翅面上纵横的大小脉纹称为翅脉，起支持作用。翅脉在翅面上的分支与排列方式称为"脉序"或"脉相"。翅脉间的区域叫翅室。脉序因蝴蝶种类不同而异，因此它可作为蝴蝶分类，特别是科、属分类的重要依据（图11）。

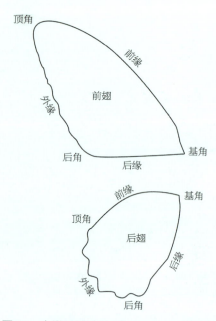

图10　金裳凤蝶（*Troides aeacus*）翅形图

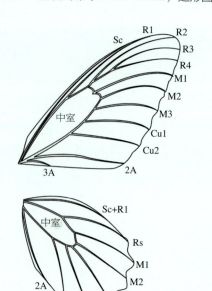

图11　金裳凤蝶（*Troides aeacus*）脉序图

（3）鳞片　作为鳞翅目昆虫，蝴蝶最显著的特征之一是翅上附着鳞片。鳞片是由构成翅面的细胞向外分泌出的衍生物。鳞片有各种形状，但大多扁平宽阔，鳞片基部有一小柄（图12），插入翅面凹陷的鳞片囊中，形成如屋顶瓦片状重叠排列，具有防水功能。

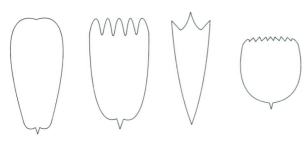

图12　蝴蝶几种鳞片的形态图

（4）翅色　蝴蝶瑰丽斑斓的色泽和图案，都体现在鳞片上（图13），一旦刷去鳞片，剩下的翅面几乎无色透明。鳞片的色彩和光泽是由色素色和结构色共同构成的。

色素色也称化学色，由代谢过程中形成的化学物质（即色素）所产生的颜色。色素能选择性地吸收一定波长的可见光，把未吸收的可见光反射出来，色素不同，吸收和反射的光也不一样，从而呈现出不同的色彩。例如，黑色或褐色是因为鳞片中所含的黑色素所致，黄色为鳞片中所含的类胡萝卜素所致。

结构色又称物理色，是由翅面上鳞片的物理属性（如鳞片的厚薄、排列的角度、表面的平整度等）所导致对光的散射、干涉和衍射产生的颜色。例如，多种闪蝶的金属色就属于结构色。

一般说来，色素色由于光线的照射和空气的氧化作用会逐渐变浅；而结构色在自然条件下可长时间保持不变。不过人们平时所看到的颜色并不是单纯的色素色或结构色，而是由色素色和结构色组合而成的混合色（也称综合色）。

同其他生物一样，蝶翅上的色彩和图案，无论其单调还是复杂，都有其存在的价值和对环境的适应意义。例如，鲜艳的色彩可以适应求偶的需要；怪异的图案可能吓退攻击者；与栖息环境相近的颜色和斑纹可以起到藏匿自身的作用。

2. 足

蝴蝶三个胸节的腹面两侧各生有一对足，分别称前足、中足和后足。三对足均属于步行足。足通常由基节、转节、腿节、胫节和跗节5部分构成（图14）。其中胫节的末端有一对距；跗节一般由5个亚节组成，在跗节端部还长有一对又硬又尖的爪（前跗节）。不过蛱蝶总科和灰蝶总科的种类前足均呈退化状，其中喙蝶科、蚬蝶科的雄性前足及蛱蝶科、珍蝶科的两性前足都极度退化，无爪，折于胸下完全失去行走功能。

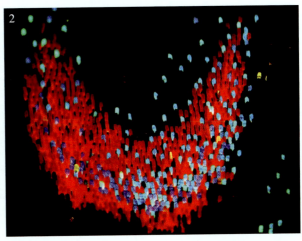

图13　蝶翅的色泽和图案
1.雄性蓝凤蝶（*Papilio protenor*）后翅局部鳞片放大图；2.雄性波绿凤蝶（*Papilio polyctor*）后翅局部鳞片放大图

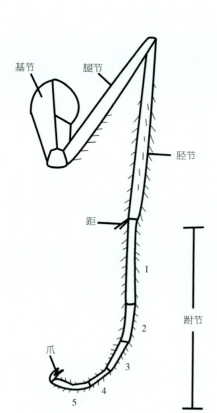

基节　腿节

胫节

距

附节

1

2

3

4

5

爪

图 14　蝴蝶足形态示意图（仿周尧）

不同外，身体上有些特征，如体形大小、足的构造、翅形、翅色、特殊的鳞片等也可用来区别雌雄，这些性器官以外的与性别有关的特征被称为第二性征或性标。

有些蝴蝶雌雄大致相近时，蝶翅上特有的性标，就成了区别雌雄最直观的方式。例如，蓝点紫斑蝶（*Euploea midamus*）雄性的后翅中室附近有灰白色卵形斑纹（图 16，1）；青豹蛱蝶（*Damora sagana*）雄性前翅后缘有三条明显加粗的脉（图 16，2）；虎斑蝶（*Danaus genutia*）雄性后翅 Cu2 脉内侧有黑圈形斑纹（图 16，3）。凤蝶科中的一些种类，如客纹凤蝶（*Paranticopsis xenocles*），雄性后翅的后缘上有皱褶，其上长有特殊的能发香的毛簇（图 16，4）；青斑蝶属（*Tirumala*）雄性后翅近后缘具有一突出的耳状香鳞囊（图 16，5）。这些发香的毛和香鳞囊基部与腺体相连，可产生性信息素，当雄蝶飞舞时，性信息素通过蝶翅的扇动得以释放，以达到吸引雌蝶交配的目的。

（三）腹部

蝴蝶腹部呈纺锤形或圆筒形，一般由 10 节组成，能自由伸缩和弯曲，内部生有消化、生殖、呼吸等器官，所以腹部是蝴蝶的代谢和生殖中心。腹部末端数节特化为生殖节，由它们构成外生殖器。

蝴蝶的雌性和雄性外生殖器在形态和构造上是完全不同的，其中雌性外生殖器由第 8 ～ 10 节特化而成，呈细长的套筒状，缩入第 7 腹节内；雄性外生殖器由第 9 ～ 10 节特化而成（图 15）。

因为生殖隔离的需要，不同种类的蝴蝶外生殖器构造上也有明显的区别。特别是雄性外生殖器种间分化较大，个体间变异较小，所以可作为鉴别种的重要依据。

（四）第二性征——性标

蝴蝶的雌雄除了体现在腹部末端性生殖器官

五、蝴蝶的生活习性

（一）蝴蝶的一生

蝴蝶是完全变态昆虫。一生要经过卵、幼虫、蛹、成虫四个明显不同的发育时期（图 17）。

1. 卵期

又称胚胎期，是蝴蝶发育的第一个时期。卵的颜色和形状随蝴蝶种类的不同而异（图 18）。

（1）形态　蝴蝶卵通常呈球形、椭圆形、包子形、子弹形等。表面覆盖着一层含蜡质的外壳，既起保护作用，又能有效地防止水分的蒸发。卵的外壳有的光滑，有的粗糙，有的还有隆起的各种规则或不规则的饰纹。在卵的顶部中央有一凹陷部分，中心有一受精孔，它是精子进入卵内的通道（图 19）。

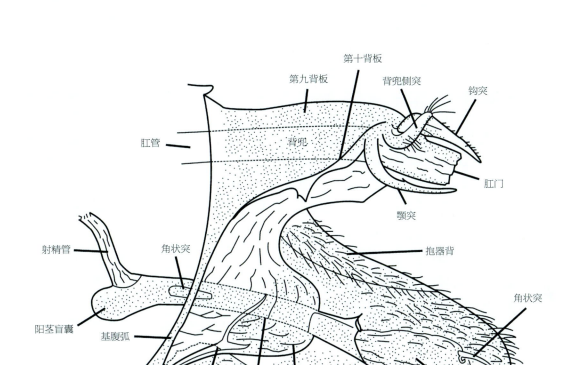

1

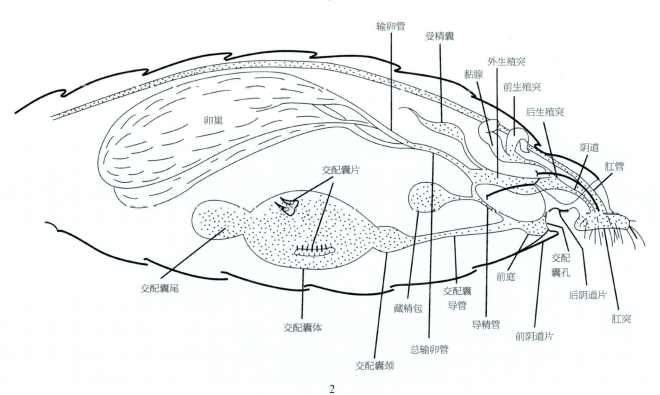

2

图 15　蝴蝶性生殖器构造

1. 蝴蝶雄性生殖器模式构造（仿 Busk）；2. 蝴蝶雌性生殖器模式构造（仿 Busk）

图 16　蝴蝶翅上的性标

1.雄性蓝点紫斑蝶（*Euploea midamus*）后翅上灰白色的性斑；2.雄性青豹蛱蝶（*Damora sagana*）前翅上的性标；
3.雄性虎斑蝶（*Danaus genutia*）后翅上的性标；4.雄性客纹凤蝶（*Paranticopsis xenocles*）后翅上的发香的毛簇；
5.雄性青斑蝶（*Tirumala limniace*）后翅上的耳状香鳞囊

图 17　斑缘豆粉蝶（*Colias erate*）的一生（摄影：肖洪坤）

图18　形形色色的蝶卵（摄影：肖洪坤）

1.青带凤蝶（*Graphium sarpedon*）；2.绢斑蝶（*Parantica aglea*）；3.残锷线蛱蝶（*Parathyma sulpitia*）；
4.黑脉蛱蝶（*Hestina assimilis*）；5.琉璃蛱蝶（*Kaniska canace*）；6.暮眼蝶（*Melanitis leda*）；
7.稻弄蝶（*Parnara guttata*）；8.柑橘凤蝶（*Papilio xuthus*）

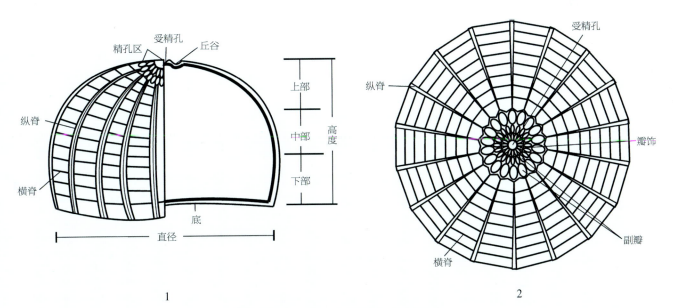

图19　鳞翅目昆虫卵的模式图（仿周尧）

图 20 柑橘凤蝶（*Papilio xuthus*）卵的孵化过程（摄影：肖洪坤）

（2）颜色 刚产下来的蝶卵一般颜色较浅，常呈白色、绿色或橙黄色，但随着发育，卵的颜色逐渐加深。

卵形卵色千变万化，可作为鉴别蝴蝶种类的一项辅助特征。

（3）孵化 卵发育成熟后，其内形成的新的生命体——幼虫便破壳而出，此过程称为孵化（图 20）。

2. 幼虫期

是蝴蝶生长和取食最主要的时期。刚孵化出来的幼虫取食的第一道食物往往是自己的卵壳（图 21），之后便开始取食寄主植物的叶或嫩芽。随着生长发育，幼虫的食量也越来越大，因此幼虫期也是蝴蝶危害植物最主要的阶段。

（1）形态 蝴蝶幼虫的外形多呈圆柱形，体躯由一系列的环节组成，体躯上有成对的附肢。幼虫头部有取食器官和感觉器官，但具体的形态随种类不同而有明显的差异，如有的体表光滑，有的长有棘刺、软毛、刚毛或肉棘等（图 22），即便是同种幼虫，随着生长发育，除身体长大外，体形、体色也会发生显著的变化。

（2）蜕皮 蝴蝶幼虫的身体是柔软的，但因其表皮含有几丁质的外骨骼，不能随着虫体的生长而不断地扩展，尤其是头壳极为坚硬，所以生长到一定阶段，幼虫需蜕去旧皮，形成新皮以适应体躯的增大，这种现象被称为"蜕皮"（图 23）。蜕皮时旧皮胸背部中分而褪至尾端，新生皮在旧皮之下取而代之。

幼虫在蜕皮前不食不动，称为"眠"。刚孵化的幼虫为一龄，之后每蜕一次皮就增加一龄，最后发育成熟的幼虫称为终龄幼虫。蝴蝶幼虫从

图 21 刚孵化出的柑橘凤蝶（*Papilio xuthus*）的幼虫正在啃食自己的卵壳（摄影：肖洪坤）

图 23　刚蜕皮的柑橘凤蝶幼虫（*Papilio xuthus*）
（摄影：肖洪坤）

一龄至终龄一般须蜕 4 或 5 次皮。

（3）化蛹　终龄幼虫停止取食，寻找合适的场所，如枝杆间、树叶下、土壤中或卷叶内等相对隐蔽的场所开始吐丝化蛹（图 24），以度过一生中最脆弱和最危险的阶段。

3. 蛹期

蛹期是蝴蝶发育重要的转变期。多数种类的蛹为被蛹，即蛹体表面有一层透明的包被，它由幼虫最后一次蜕皮时分泌的黏液所形成，起保护

图 22　形态各异的蝴蝶幼虫（摄影：肖洪坤）

1. 黄斑弄蝶（*Ampittia dioscorides*）；　2. 黑脉蛱蝶（*Hestina assimilis*）；
3. 金凤蝶（*Papilio machaon*）；　4. 雅灰蝶（*Jamides bochus*）；　5. 玉带凤蝶（*Papilio polytes*）；
6. 斐豹蛱蝶（*Argyreus hyperbius*）；　7. 大绢斑蝶（*Tirumala limniace*）；　8. 稻弄蝶（*Parnara guttata*）

图 24　柑橘凤蝶（*Papilio xuthus*）幼虫化蛹的过程（摄影：肖洪坤）

和防止水分散失的作用。

（1）蛹的类型　根据化蛹及悬挂方式的不同，常见的蝶蛹有缢蛹和悬蛹两种类型：

缢蛹又称带蛹。蛹靠腹部末端的臀棘和丝垫附着在枝杆等支撑物上，腰部又以丝带环绕支撑物，形成抑头斜立的蛹，如凤蝶、粉蝶的蛹（图 25）。

悬蛹又称垂蛹。利用腹部末端的臀棘与丝垫，把身体倒挂在枝杆或叶的反面，形成头下尾上悬垂状的蛹，如蛱蝶、灰蝶、眼蝶的蛹（图 26）。

除此之外，有的灰蝶会在卷叶中直接化蛹（图 27）；绢蝶的老熟幼虫会像蛾类一样，吐丝做成薄茧，然后化蛹其中，形成茧蛹；有些弄蝶则将叶子卷折结网，形成叶苞，幼虫在叶苞中化蛹。

（2）羽化　蛹表面上静止不动，其实内部在发生着剧烈的变化：一方面破坏幼虫的旧器官，另一方面又在建立成虫的新器官。这种破坏和建设的相反性工作在同一时间、同一空间巧妙而有序地进行。当身体内部改造完成后，蛹壳从头部开始破裂，其内的虫体奋力爬出，最终脱去蛹壳，变为成虫，此过程称为羽化（图 28）。

4. 成虫期

刚羽化的蝴蝶十分丑陋，身体又肥又胖，翅膀柔软皱缩呈囊袋状，囊袋中布满了叉状的小管，不久体液通过小管灌进皱缩的翅膀，翅面如折扇般渐渐展开，斑纹和色彩随之出现。蝶翅伸展开后，翅内的液体又通过小管流回身体，最后以蛹便的形式通过肛门排出体外。

排出蛹便后，蝴蝶的身体开始变得修长优雅，

图 25　蝴蝶的缢蛹（摄影：肖洪坤）
1. 菜粉蝶（*Pieris rapae*）；2. 尖钩粉蝶（*Gonepteryx mahaguru*）；
3. 黑纹粉蝶（*Pieris melete*）；4. 柑橘凤蝶（*Papilio xuthus*）

图 26　蝴蝶的悬蛹（摄影：肖洪坤）
1. 残锷线蛱蝶（*Parathyma sulpitia*）；2. 黑脉蛱蝶（*Hestina assimilis*）
3. 蓝翠眼蛱蝶（*Junonia orithya*）；4. 暮眼蝶（*Melanitis leda*）

这时的蝶翅内仍有过多的水分，软弱无力，再经过 1～2 小时，翅膜和鳞片逐渐干燥，翅内的小管壁愈合，形成纵横交叉的翅脉，蝶翅变得坚挺而美丽，此时蝴蝶才能振翅飞翔，进入一生中最灿烂辉煌的成虫期。

　　蝴蝶的成虫有雌雄两种虫态。它们白天活动频繁，一方面忙着补充营养和水分，另一方面忙着寻找异性，交配产卵，繁衍后代，直至死亡，从而完成整个生命周期的循环。

　　（1）活动季节　蝴蝶属于变温动物，它们体温的高低，是随着周围环境温度的变化而变化的，因此蝴蝶的生命活动，直接受外界温度的影响。一般来说，春季、秋季两季温度适宜，蜜源植物丰富，蝴蝶活动最为频繁，蝴蝶的种类和数量都相对丰富；夏季高温，蝴蝶种类和数量稍减少；而冬季寒冷，多数蝴蝶以蛹越冬。

图 27　藏在卷叶中的毛眼灰蝶（*Zizina otis*）的蛹
（摄影：肖洪坤）

　　（2）活动时间　蝴蝶是白天活动的昆虫，而且活动时间有一定的规律，一般成虫在上午 9：00～11：00 和下午 2：00～4：00 外出活动最为活跃，其余时间常躲在树林或花草丛中休息。阴雨天不利于蝴蝶活动，一般不外出。但弄蝶科

图28　雄性斐豹蛱蝶（*Argynnis hyperbius*）的羽化过程（摄影：肖洪坤）

和环蝶科的一些种类喜在早晨或傍晚时活动。

高山地区的蝴蝶，活动时间则与阳光有关，当阳光照射大地时，可看到各种蝴蝶活跃地四处翩飞，当太阳忽被云层遮蔽，瞬刻间蝴蝶便停止了活动，而当太阳重新透出云层，它们又活跃如前。

（3）活动范围　蝴蝶的活动范围因蝶种不同而有差异，一般飞行能力强的种类活动范围广，而飞行能力弱的种类活动范围也相对窄；成虫的活动范围也与蝴蝶性别有关，一般雌蝶活动范围较窄，多在寄主植物生长地或蜜源植物丰富的地区活动，而雄蝶活动范围较为广阔，四处飞舞以寻找雌蝶交配。此外，人们观察发现：蝴蝶的活动范围还与蝴蝶飞行能力和蝶翅的颜色有一定的关联，深色的蝴蝶一般飞行能力较强，活动范围也相对较广。

（4）补充营养　成虫期内蝴蝶活动频繁，需及时摄取花蜜、果汁等以补充营养。蝴蝶的食性因种类不同而有很大差异，且多数是专食性的。例如，蓝凤蝶（*Menelaides protenor*）嗜吸百合科植物的花蜜；菜粉蝶（*Pieris rapae*）嗜吸十字花科植物的花蜜；黄钩蛱蝶（*Polygonia c-aureum*）喜吸菊科植物的花蜜。但一些环蝶、蛱蝶、眼蝶会刺食树汁、果汁（图29；图30），有的甚至吸食人畜粪便等。

水是蝴蝶成虫生命活动中必不可少的物质。因此常能看到单只或成群的蝴蝶停栖在潮湿的地上吸水（图31），尤其喜欢吸稍带咸味的水，以补充身体所需的水分和矿物质。有人通过仔细观察发现，吸水的蝴蝶大多为雄性，这种性别的差异究竟说明了什么，还有待于进一步的研究。

（5）交尾　雌蝶羽化后不久便能进行交尾，而雄蝶须飞行一段时间方可交尾。

蝴蝶在交尾前大多要经过一段雄追雌的婚飞过程（图32）。雄蝶一般在寄主植物的周围追截同种雌蝶，若雌蝶尚未交尾，并对此雄蝶满意，雌蝶会停息下来，将尾部平端，雄蝶迅速扑上，几秒钟即可完成交尾过程。

交尾时，雌雄蝶尾尾相交，头部分开（图33）。

图 29 正在吸蜜的蝴蝶（摄影：肖洪坤）
1. 青豹蛱蝶（*Damora sagana*，♂）；2. 华夏剑凤蝶（*Pazala mandarinus*）

图 30 贴在树杆上吸食树汁的黄钩蛱蝶
（*Polygnia c-aureum*）

如果遇到惊扰，往往由雌蝶主动起飞，雄蝶则躺在其下面被拖着飞行至安全处。

如雌蝶已交尾或对企图求爱的雄蝶不满意，它会迅速穿飞以逃避雄蝶的追截，或飞入草丛中躲藏，有的则停息下来高举尾部以示拒绝，也有的索性不理不睬，任雄蝶在一旁表达爱意。绢蝶尤为特殊，雌蝶交尾后，尾部末端会形成角质的

图 31 蝴蝶吸水
1. 单只碧粉蝶（*Achillides bianor*）在潮湿的草地上吸水；
2. 成群的青带凤蝶（*Graphium sarpedon*）在泥浆地吸水

图 32　婚飞中的菜粉蝶（*Pieris rapae*）

图 33　蝴蝶的交尾（摄影：肖洪坤）

1. 宽边黄粉蝶（*Eurema hecabe*）；2. 亮灰蝶（*Lampides boeticus*）；3. 青豹蛱蝶（*Damora sagana*）

图34　雌性君主绢蝶（*Parnassius imperator*）交尾后腹部末端形成的角质臀袋

图35　苎麻珍蝶（*Acraea issoria*）产卵（摄影：肖洪坤）
1. 正在产卵的苎麻珍蝶；2. 苎麻珍蝶产在叶背面的卵

臀袋物以阻止雌蝶再次交尾（图34）。

雌蝶一生一般交尾1次，仅少数种类可发生2次或多次。对于雄蝶来说找到适合的"处女蝶"十分重要。有些种类的雄蝶早在雌蝶蛹开始羽化时便在一旁等候，或过一段时间过来察看一番，雌蝶一经羽化，便与之交配，如袖蝶科中的一些种类有此行为。绢蝶的雄蝶活动能力一般较强，它们不仅主动寻找刚羽化不久的雌蝶交尾，甚至与还没有完全展翅的雌蝶进行交尾。

（6）产卵　完成交尾过程后，雌蝶会谨慎地寻找适合的地点产卵。有的雌蝶交尾后当天就开始产卵，有的则待几天后才产卵。多数种类的雌蝶会将卵产在寄主植物新抽出的芽梢上或嫩叶的反面，以便孵化的幼虫能直接享用。但也有的种类将卵产在寄主植物附近的物体上，如丝带凤蝶（*Sericinus montelus*）有时将卵产在临近的榆树叶上，这既能让孵化的幼虫容易就近找到食物，又能躲避寄生蜂的产卵寄生。

产卵时雌蝶不停地在寄主植物上停落，一般每停落1次产下1枚卵，也有的产下2～4枚卵。卵多数是散产的，也有成片或成堆的，更有叠置成串的。产卵的总数从几十到几百粒不等（图35）。

蝴蝶的卵是产前才受精的，因而雌蝶死后若将其遗腹卵剖出来是不会孵化的，只有正常产出的卵才会孵化。

（二）蝴蝶的世代与寿命

1. 世代

世代又称生命周期，是指蝴蝶的卵从开始发育至成虫产下卵为止所经历的个体发育过程。一个世代包括卵、幼虫、蛹、成虫四个虫态。蝴蝶一年发生的代数主要由遗传因素决定，如分布在长江中下游地区的中华虎凤蝶（*Luehdorfia chinensis*）一年发生1代；柑橘凤蝶（*Papilio xuthus*）一年发生3代。蝴蝶一年发生的代数还与环境因素特别是温度有关，

图 36　迁飞中君主斑蝶（*Danaus plexippus*）

同样是柑橘凤蝶，在横断山脉高寒地区一年发生1代；东北地区一年1～2代；黄河流域2～3代；福建、台湾地区4～5代；广东、海南地区5～6代。一年发生多代的蝴蝶通常世代重叠。

2. 寿命

严格地说，蝴蝶的寿命是指从卵发育开始至成虫死亡为止所经历的时间。寿命的长短和世代一样主要决定于遗传因素，又受环境条件的影响。例如，宽尾凤蝶（*Agehana elwesi*）在湖南地区一年发生2代，第一代从5月初见卵，至7月下旬成虫死亡，寿命约为2个月；第二代因以蛹越冬，历期为6～8个月，所以寿命为7～9个月。

不过习惯上人们通常将成虫的寿命看作为蝴蝶的寿命，即蝴蝶的成虫从羽化至死亡这段时间。短者只有几天，而长者可达11个月，通常为2～3周。

一般情况下热带地区成虫寿命较短，寒冷地区及冬季出生的成虫寿命较长；雌蝶一般较雄蝶的寿命长；雄蝶未经交配者较交配者寿命长。

（三）蝴蝶的迁飞

世界上有200多种蝴蝶具有迁飞习性，这种习性是蝴蝶在长期进化过程中形成的，并受遗传基因的控制。迁飞的蝴蝶群体大小不一，距离也有长有短。其中最著名的要数君主斑蝶（*Danaus plexippus*），每年秋季成千上万的君主斑蝶从加拿大、美国北部迁往几千公里外的墨西哥山区"蝴蝶谷"越冬，场面十分壮观（图36）。翌年春天，这些斑蝶又向北回迁。然而飞越如此遥远的距离，仅靠一代是不可能的。从加拿大到墨西哥的往返路途中，君主斑蝶要经过3～4代的繁衍，前赴后继，才能完成这一壮举。

君主斑蝶迁飞时是如何进行导航的呢？对这一问题至今尚无科学定论。有些学者认为，这可能与地磁场有关。君主斑蝶体内含有少量的氧化铁，它们能感知地磁场的变化，由地磁场指引迁飞的方向；另有一些学者认为蝴蝶是通过地磁场和太阳方位的共同作用来确定飞行的方向和路线的，其中对太阳方位的依赖大于地磁场的作用，原因是阴天时它们不进行迁飞。

在我国的云南、广东及台湾等地，斑蝶科幻紫斑蝶（*Euploea core*）、异型紫斑蝶（*Euploea mulciber*）、蓝点紫斑蝶（*Euploea midamus*）等也有集群迁飞的现象。冬天它们扎堆聚集在温暖的热带、亚热带地区一些自然条件优越的"蝴蝶谷"过冬，来年春天再陆续北迁，至长江流域等地繁殖（图37）。

为什么一些斑蝶会在"蝴蝶谷"扎堆越冬？研究人员认为，一是"蝴蝶谷"本身环境幽静，冬季气候适宜，食物充足，适合于蝴蝶的冬季生存；其次大量蝴蝶聚集在一起能起到更好的防御作用，从而提高蝴蝶的存活率；此外大量蝴蝶的聚集能使雌雄蝶获得更多的交配机会，有利于后代的繁衍。

图37 迁飞途中的蓝点紫斑蝶（*Euploea midamus*）

（四）越夏和越冬

1. 越夏

蝴蝶是变温动物，在夏季高温地区，有些种类的蝴蝶为避免炎热高温的伤害，而躲藏在岩洞等阴凉处夏眠，这一现象称之为越夏。

2. 越冬

在冬天寒冷地区，为了度过严寒，蝴蝶通常停止发育和活动，这一现象称之为越冬。

蝴蝶大多以蛹的状态躲在落叶下、土缝中越冬；也有的以卵或老熟的幼虫越冬（图38），极少数种类则以成虫的形式越冬。蝴蝶越冬有两种形式：一种是简单越冬，称之为休眠，只要天气一转暖，即能恢复活动；另一种叫滞育，滞育是蝴蝶在长期不良环境条件作用下形成的由遗传基因控制的适应性反应。进入滞育的虫体生理上发生了改变，所以一定要满足了遗传所必须的一定的低温条件后，才能解除滞育，继续生长发育。

（五）多型与变异

1. 多型

指同一种昆虫在形态构造和生活机能上表现为三种或更多种不同形式的现象。蝴蝶的多型可分为几种类型：

（1）性多型　同种雌雄蝶，形态基本相同者称为雌雄同型；若二者在大小、色泽、斑纹等方面明显不同者称为雌雄异型。而像美凤蝶（*Papilio memnon*），除雌雄异型外，其雌性还有两种以上的形态，再加上原来的雄性就有了三种以上不同的形态，这种现象称为性多型（图39）。

图38　在我国南方地区苎麻珍蝶（*Acraea issoria*）以成群的幼虫抱团过冬（摄影：肖洪坤）

1

2

3

图39　美凤蝶（*Papilio memnon*）的性多型
1. 无尾型♀；2. 有尾型♀；3. ♂

（2）季节多型　因季节更替、温湿度变化而导致的多型称为季节多型。例如，柑橘凤蝶（*Papilio xuthus*）有春型、夏型之分，其中春型的体形小，色泽鲜艳；而夏型的体形相对较大，雄蝶后翅前缘还有一明显的黑斑（图40，1）。再如蓝美凤蝶（*Papilio protenor*）有旱季型和湿季型之分，其中湿季型明显大于旱季型（图40，2）。

（3）地理多型　生活在不同地区的蝴蝶，因为间隔较远，不同的生态环境条件综合影响而导致的多型称为地理多型。如雄性丝带凤蝶（*Sericinus montelus*），华东型翅上的黑斑和后翅臀角区的红斑色泽明显较华北型深（图41）。

2. 变异

由于环境因素的影响或者生殖细胞内遗传物质的改变而导致蝴蝶的外形发生畸变的现象称为变异。前者属于不可遗传的变异，后者属于可遗传的变异。

在蝴蝶的变异中，最令人注目的要数雌雄嵌合的阴阳蝶（图42）。这是由遗传上染色体组合应发育为雌体的细胞，与应发育为雄体的细胞合生于一个个体内而产生的变异现象，从而使蝴蝶

春型♂（翅展：6cm）

1

夏型♂（翅展：8.5cm）

旱季型♂（翅展：7cm）

2

湿季型♂（翅展：9cm）

图40　蝴蝶的季节多型
1.柑橘凤蝶（*Papilio xuthus*）；2.蓝美凤蝶（*Papilio protenor*）

图41 丝带凤蝶（*Sericinus montelus*）
1.华东型；2.华北型

图42 左雄右雌的美凤蝶（*Papilio memnon*）阴阳蝶

个体在同体躯上同时具备了雌雄两性的性征。阴阳蝶对于蝴蝶个体来说是病态，也无分类价值，但由于发生几率小，数量稀少，因而特别受蝴蝶藏家的青睐。

（六）蝴蝶的天敌与防御

1. 天敌

自然界中所有生物都存在着相生相克的现象。凡是以蝴蝶各虫态为食的动物或导致其生病死亡的病原微生物均可称作为蝴蝶的天敌。大体可归纳为以下三大类：

（1）食虫昆虫 包括捕食性昆虫和寄生性昆虫（图43，1；图43，2）。

捕食性昆虫包括螳螂、蜻蜓、蚂蚁、胡蜂、食虫虻、虎甲、步甲等。例如，蚂蚁多搬运蝶卵到蚁巢内取食；虎甲、步甲、草蛉等捕食蝴蝶的幼虫；螳螂、蜻蜓、食虫虻等直接猎捕蝴蝶的成虫。

寄生昆虫主要有寄生蜂和寄生蝇。例如，赤眼蜂（*Trichogramma*）雌性成虫产卵于蝴蝶卵内，孵化出的幼虫取食蝴蝶的卵黄，化蛹，最终导致寄主死亡。菜粉蝶绒茧蜂（*Apanteles*

图 43　蝴蝶的天敌

1.被寄生的残锷线蛱蝶（*Parathyma sulpitia*）的幼虫（摄影：肖洪坤）；2.被寄生蜂掠食一空的的尖钩粉蝶（*Gonepteryx mahaguru*）的蛹（摄影：肖洪坤）；3.蜘蛛捕食菜粉蝶（*Pieris rapae*）；4.红尾水鸲（*Rhyacornis fuliginosus*）捕食蝴蝶的成虫

glomeratus）是菜粉蝶（*Pieris rapae*）幼虫重要的寄生天敌，其自然寄生率常高达 90% 以上；广大腿小蜂（*Brachymeria obscurata*）寄生于多种蝶蛹内，其中对宽边小黄粉蝶（*Eurema hecabe*）越冬蛹的寄生率可达 60% 以上。

（2）其他捕食性动物　包括蛛形纲的蜘蛛（图 43，3），部分两栖类（青蛙、蟾蜍）、爬行类（蜥蜴、壁虎）、鸟类等。它们主要捕食蝴蝶的幼虫和飞行的成虫；雀形目的鸟类在育雏期间穿梭于田野、树林，捕捉大量蝴蝶和其他类昆虫，以饲喂雏鸟（图 43，4）。

（3）病原微生物　包括病原细菌、真菌、病毒等。例如，作为生物防治的微生物农药苏云金杆菌（简称 Bt）可产生两大类毒素，即内毒素（伴胞晶体）和外毒素，使蝶幼虫停止取食，最后幼虫因饥饿而死亡；白僵菌（*Beauveria*）这类真菌能感染多种蝶的幼虫，使寄主致病死亡；浓核病毒（Densovirus）是一类对昆虫和虾类等无脊椎动物具有高致病力的病原体，对多种蝴蝶有害。

2. 防御

生物界弱肉强食、危机四伏。在数千万年的生存竞争和自然选择中，蝴蝶形成了一系列行之有效的自卫和防御方式。

（1）逃跑和躲避　这是动物最常用的本能性防御方式。所有蝴蝶的成虫在遭遇干扰和危险时均会快速飞行逃跑，或寻找安全的环境如花丛、树林躲藏，以逃避敌人的攻击。

（2）物理性防御　这是蝴蝶在长期演化过程中形成的自卫方式。例如，有些蛱蝶幼虫的头部有角状突起，体背常有毛或成列的棘刺，在遭遇捕食性昆虫攻击时它能凭借这些构造进行防御

图44　琉璃蛱蝶（*Kaniska canace*）的幼虫体表
成列的棘刺

图45　蝴蝶的保护色
1. 暮眼蝶（*Melanitis leda*）的幼虫（摄影：肖洪坤）；
2. 青凤蝶（*Graphium sarpedon*）的蛹（摄影：肖洪坤）；
3. 大红蛱蝶（*Vanessa indica*）的成虫

和还击（图44）。

（3）化学性防御　指蝴蝶利用毒素或特殊的气味进行自我防御的方式。例如，斑蝶因幼虫啃食了有毒而辛辣的植物，幼虫及之后的成虫体内均积有毒素，并散发出特殊的气味，这样能有效地避免鸟类和其他肉食性昆虫的猎食。珍蝶在遭遇天敌时能从胸部分泌出有臭味的黄色汁液，以驱避敌害。

（4）保护色　指蝴蝶各虫态形成的与周围环境相类似的外表颜色。依靠保护色，蝴蝶能更好地隐藏自身，躲避天敌的捕食（图45）。

（5）警戒色　指蝴蝶在长期进化过程中所形成的鲜艳色彩和特殊斑纹，这些色彩和斑纹易被捕食者所识别，引起它们的恐惧，从而避免自身遭到攻击。例如，有毒的斑蝶和绡蝶翅上多呈红色、黄色、黑色醒目的颜色和斑纹（图50，1；图50，3），天敌对这样鲜明的色泽有天生的恐惧，猎食时本能地退避三舍。

多种蝴蝶翅的一面或正反面具有一至多枚眼斑，眼斑也属于警戒色，并对于蝶类有特殊的意义。一些学者认为，大的眼斑有仿冒猛禽眼睛的作用。如黄裳猫头鹰环蝶（*Caligo memhon*），

当蝴蝶展翅时翅背形态极似双眼睁开的猫头鹰的脸，从而对天敌起到恫吓作用（图46）。但蝶翅上的小眼斑不具备这个功能，主要是为了转移捕食者的攻击目标，使身体较重要的部位免遭袭击。

图46 黄裳猫头鹰环蝶（*Caligo memnon*）后翅反面醒目的眼斑

如一些灰蝶，后翅上有鲜艳的小眼斑，有时还有细长的尾突，使后翅外缘拟似蝶的头部，从而混淆了天敌的视线，当受到天敌猎食时能躲过致命的攻击，而逃之夭夭（图47）。

（6）拟态　指蝴蝶从色泽、斑纹到形态均模拟他物，借以蒙蔽天敌，保护自身。如幼龄的凤蝶幼虫状似鸟粪（图48），令捕食的天敌对其厌恶；而老龄的凤蝶幼虫像极了蛇，当受到惊扰时，前胸会翻出如蛇信般的黄色丫状臭角，并散发出难闻的气味，从而对捕食者起到恐吓和驱避作用（图49）。再如多种无毒的蝴蝶从色泽到斑纹都模仿有毒的斑蝶或绡蝶，令天敌真假莫辨（图50）。

最典型的拟态代表要数枯叶蛱蝶，蝶翅的正面颜色较为鲜艳，而翅的背面很像一片枯叶，不仅有纵贯前后的主脉及支脉，甚至连叶上的破洞、斑纹也模仿得惟妙惟肖。当它遭遇危险时，双翅竖起，顷刻间便令猎食者失去了追捕目标（图51）。

（七）蝴蝶的领域性

蝴蝶的领域性是指蝴蝶的占地行为。部分凤蝶、蛱蝶、灰蝶、眼蝶和弄蝶的雄蝶都具有很

图47 蓝灰蝶（*Everes argiades*）（摄影：肖洪坤）

图48 美洲大芷凤蝶（*Papilio cresphontes*）的幼龄幼虫状似鸟粪，令捕猎者厌恶

强的领域性。如：雾社翠灰蝶（*Chrysozephyrus mushaellus*）会选择一小块处于林缘、路边草丛的开阔地带作为自己领地，一连几天，每天像上班族那样在蝴蝶的活动时间停息在树顶或旷地上守卫着这一领地，并经常性地飞行巡视。当有同种雌蝶闯入，便迅速飞去求偶，希望与之交配。若飞入的是雄蝶，便会追逐驱赶，直至入侵者离开其领域范围。

（八）与其他昆虫互利共生

　　蚂蚁是蝴蝶的天敌，但灰蝶科霾灰蝶属（*Maculinea*）、蓝灰蝶属（*Everes*）、白灰蝶属（*Phengaris*）及蚬蝶科中的一些种类，幼虫会与蚂蚁发生共生关系。这些幼虫身上长有分泌腺，会分泌汁液供蚂蚁吸食，作为回报，蚂蚁对蝴蝶幼虫提供保护，以防其他天敌的捕食或寄生。

图 49　柑橘凤蝶（*Papilio xuthus*）的幼虫，鲜艳色彩和斑纹像极了蛇，当受到惊扰时，前胸会翻出如蛇信般的黄色丫状臭角，并散发出难闻的气味（摄影：肖洪坤）

图 51　枯叶蛱蝶（*Kallima inachis*）

图 50　无毒的蝴蝶模拟有毒的斑蝶和绡蝶
1.有毒的袖斑蝶（*Lycorea pasinuntia*）；2.无毒的华丽滴蚬蝶（*Stalachtis calliope*）
3.有毒的福闪绡蝶（*Hypothyris fluonia*）；4.无毒羽衣袖蝶（*Heliconius numata*）

六、蝶、蛾的区别

蝶与蛾同属于昆虫纲、鳞翅目，两者相加有 20 万种之多，其中 90% 为蛾类，蝶类仅占 10%。绝大多数的蛾颜色灰暗，昼伏夜出，但不乏有色彩亮丽或图案别致的种类，它们常被人误以为蝶；而有些蝶种因其体形小，色泽灰暗，又常被人误认为蛾。二者可以通过下表进行区分：

名　称	蝶　类	蛾　类
触角	锤状、棍棒状	丝状、羽毛状
翅形	大多阔大	通常狭小
腹部	瘦、长	粗、短
停栖时翅位	四翅竖立于背	平展或呈屋脊状
成虫活动时间	白天	大多在夜间

图 52　蝶与蛾

1. 红翅鹤顶粉蝶（*Hebomoia leucippe*）；2. 玫瑰青凤蝶（*Graphium weiskei*）；
3. 太阳毒蛾（*Urania ripheus*）；4. 红目天蚕蛾（*Antheraea fomosana*）

下篇

馆藏名蝶的分类与鉴赏

一、凤蝶科 Papilionidae

凤蝶是蝴蝶家族中最令人喜爱的类群。体形中至大型，触角细长，根部互相接近，端部棒状；雌雄蝶前足均发达。蝶翅宽大，前翅多呈三角形，后翅常有一至多个尾状突起；翅色鲜艳，多以黑色、黄色或白色为基调，饰有红色、蓝色、绿色、黄色等色彩的斑纹，有的还呈现璀璨的丝绒般光泽。多数种类雌雄的体形、斑纹与颜色相同，少数种类雌雄区别显著，呈现性二型，有的还呈现季节性多型。

凤蝶白天活动，阳光下自由穿梭于森林，园圃，或嬉戏于花丛中，风姿绰约。

卵近圆形，表面多光滑或有不明显的皱纹，多散生在叶片上。

幼虫体形粗壮，多光滑，少数有肉棘或长毛。幼龄的幼虫颜色灰暗，形似鸟粪状；三龄后的幼虫颜色变得亮丽，有的幼虫胸部有黑色、黄色的眼状斑，形似蛇头。许多幼虫的前胸有一呈"丫"形的分叉臭角腺，触动时能突然翻出，释出臭味，起警戒作用，此为凤蝶独有的特征。主要取食芸香科、樟科、伞形花科、马兜铃科等植物。

缢蛹，表面粗糙，头端二分叉，中胸背板中央隆起。

凤蝶广布于世界各地。目前已被记载的有 31 属 600 多种；中国有 19 属 119 种左右。

（一）鸟翼凤蝶属 *Ornithoptera* Boisduval, 1832

全世界记载约 16 种，仅分布于大洋洲及南亚地区。所有成员均体形硕大，其中包括世界上最大的蝴蝶——亚历山大鸟翼凤蝶（*Ornithoptera alexandrae*）。

本属所有种均属于《华盛顿公约》(CITES) 保护物种，除亚历山大鸟翼凤蝶为 I 级保护外，其他均为 II 级保护物种。

1. 黄绿鸟翼凤蝶 *Ornithoptera rothschildi* Kenrick，1911

分布：印度尼西亚新几内亚岛。

♂
新几内亚岛
11cm

正　　　　　　　　　　　　　　　　反

2. 维多利亚鸟翼凤蝶 *Ornithoptera victoriae*（Gray，1856）

分布：大洋洲巴布亚新几内亚和所罗门群岛。

正

反

♀
新几内亚岛
19cm

正

反

♂
新几内亚岛
15cm

3．红鸟翼凤蝶 *Ornithoptera croesus* Wallace，1859

分布：印度尼西亚马鲁古群岛。

正

反

♀
印度尼西亚
17cm

正

反

♂
印度尼西亚
16cm

4. 金绿鸟翼凤蝶 *Ornithoptera priamus*（Linnaeus，1758）

分布：印度尼西亚及大洋洲，从马六甲到巴布亚新几内亚、所罗门群岛和澳大利亚北部。本种为印度尼西亚国蝶。

● 指名亚种 *Ornithoptea priamus priamus*（Linnaeus，1758）

正

反

♀
印度尼西亚
19cm

正

反

♂
印度尼西亚
17cm

● 波塞冬亚种 *Ornithoptera priamus poseidon*（Doubleday，1847）

♀
新几内亚岛
18cm

正　　　　　　　　　反

♂
新几内亚岛
15.5cm

正　　　　　　　　　反

● 比亚克亚种 *Ornithoptera priamus teucrus*（Joicey *et* Talbot，1916）

♂
印度尼西亚
12cm

正　　　　　　　　　反

● 伊里安亚种 *Ornithoptera priamus kasandra* Kobayashi，1994

♀
新几内亚岛
19cm

正　　　　　　　　　　反

正

反

♂
新几内亚岛
14cm

● 蓝缎亚种 *Ornithoptera priamus urvillianus*（Guérin-Méneville，1830）

正　　　　　　　　♀
　　　　　　新几内亚岛
　　　　　　20cm　　　　　　　　　反

正

反

♂
新几内亚岛
17cm

5. 歌利亚鸟翼凤蝶 *Ornithoptera goliath*（Oberthür，1888）

分布：印度尼西亚、巴布亚新几内亚。

正　　　　　　　　　　♀
印度尼西亚
19cm　　　　　　　　反

正

反

♂
印度尼西亚
16cm

6. 丝尾鸟翼凤蝶 *Ornithoptera paradisea* Staudinger，1893

分布：印度尼西亚、巴布亚新几内亚。

正　　　印度尼西亚♀ 12cm　　　反

正　　　印度尼西亚♂ 12cm　　　反

7. 银鲛鸟翼凤蝶 *Ornithoptera chimaera*（Rothschild，1904）

分布：印度尼西亚、巴布亚新几内亚。

正　　　印度尼西亚♀ 16cm　　　反

（二）红颈凤蝶属 *Trogonoptera* Rippon，1890

全世界记载有 2 种，主要分布在东南亚及澳大利亚北部地区。

本属所有种均为《华盛顿公约》（CITES）Ⅱ 级保护物种。

8. 翠叶红颈凤蝶（红颈鸟翼凤蝶） *Trogonoptera brookiana*（Wallace，1855）

分布：马来西亚、缅甸、泰国、印度尼西亚、菲律宾等地。

本种为马来西亚国蝶。

● 指名亚种 *Trogonoptera brookiana brookiana*（Wallace，1855）

正

反

♂
马来西亚
15.5cm

● 白化亚种 *Trogonoptera brookiana albescens*（Rothschild，1895）

正

反

♀
马来西亚
17cm

（三）裳凤蝶属 *Troides* Hübner, 1819

全世界记载有 18 种，主要分布在东南亚地区。

本属所有种均属于《华盛顿公约》（CITES）Ⅱ级保护物种，并列入中国国家林业局《国家重点保护野生动物名录》。

9. 裳凤蝶 *Troides helena*（Linnaeus，1758）

分布：中国南方地区；印度、马来西亚等地。

正

♂
印度尼西亚
11cm

反

10.　金裳凤蝶　*Troides aeacus*（C. *et* R. Felder，1860）

分布：中国中部、东南、西藏及台湾；印度、泰国、缅甸、越南等地。

本种雌蝶为中国最大的蝴蝶。

♀
四川
12.5cm
正　　　　　　　　　　反

正

反

♂
四川
12.5cm

11. 楔纹裳凤蝶 *Troides cuneifera*（Oberthür，1879）

分布：马来西亚、印度尼西亚等地。

正

反

♀
印度尼西亚
15cm

正

♂
印度尼西亚
13cm

反

12. 鸟翼裳凤蝶 *Troides amphrysus*（Cramer，1779）

分布：印度尼西亚、缅甸、马来西亚等地。

正

反

♀
马来西亚
15cm

♂
印度尼西亚
12.5cm

正　　　　　　　　　　　　　　　　　　　反

13. 小斑裳凤蝶 *Troides haliphron*（Boisduval，1836）

分布：印度尼西亚、新几内亚岛、尼泊尔、缅甸等地。

● 指名亚种 *Troides haliphron haliphron*（Boisduval，1836）

♂
印度尼西亚
10cm

正　　　　　　　　　　　　　　　　反

● 覆舟山亚种 *Troides haliphron purahu* Kobayashi，1987

♂
印度尼西亚
10cm

正　　　　　　　　　　　　　　　　反

● 奈爱丝亚种 *Troides haliphron naias* Doherty，1891

♀
马来西亚
10cm

正　　　　　　　　　　　　　　　　反

14. 海滨裳凤蝶 *Troides hypolitus*（Cramer，1775）

分布：印度尼西亚苏拉威西岛、马鲁古群岛及邻近岛屿。

正

反

♀
印度尼西亚
17cm

正

反

印度尼西亚
16cm

15. 珂裳凤蝶 *Troides criton* C. *et* R. Felder，1860

分布：中国南方地区；印度、印度尼西亚、尼泊尔、缅甸等地。

♀
马来西亚
12cm

正　　　　　　反

♂
印度尼西亚
11cm

正　　　　　　反

16. 长斑裳凤蝶 *Troides oblongomaculatus*（Goeze，1779）

分布：印度尼西、巴布亚新几内亚等地。

♂
马来西亚
12cm

正　　　　　　反

17. 范氏裳凤蝶 *Troides vandepolli*（Snellen，1890）

分布：印度尼西亚、巴布亚新几内亚等地。

♂
印度尼西亚
11cm

正　　　　　反

18. 斯氏裳凤蝶 *Troides staudingeri*（Röber，1888）

分布：印度尼西亚苏拉威西南端诸岛。

● 鸢尾亚种 *Troides staudingeri iris*（Röber，1888）

♀
印度尼西亚
12cm

正　　　　　反

♂
印度尼西亚
9.5cm

正　　　　　反

19. 瑞氏裳凤蝶 *Troides riedeli*（Kirsch，1885）

分布：印度尼西亚马鲁古群岛。

♂
印度尼西亚
11cm

正　　　　　　　　　　　　　　　　　反

20. 布鲁岛裳凤蝶 *Troides prattorum*（Joicey *et* Talbot，1922）

分布：巴布亚新几内亚及印度尼西亚布鲁岛。

♂
菲律宾
11.5cm

正　　　　　　　　　　　　　　　　　反

（四）曙凤蝶属 *Atrophaneura* Reakirt, 1865

全世界记载有 45 种，主要分布在印度、中南半岛、菲律宾及中国南部和中西部地区。

本属所有种均被列入中国《国家保护的有益的或者有重要经济、科学研究价值的陆生野生动物名录》。

21. 曙凤蝶 *Atrophaneura horishana*（Matsumura，1910）

分布：中国台湾。

正　　　　　♂ 台湾 10cm　　　　　反

22. 窄曙凤蝶 *Atrophaneura zaleucaus*（Hewitson，1865）

分布：中国的西南部；缅甸。

正　　　　　♂ 四川 9cm　　　　　反

23. 暖曙凤蝶 *Atrophaneura aidoneus*（Doubleday，1845）

分布：中国南部；东南亚和南亚地区。

正　　　　　♂ 云南 9cm　　　　　反

（五）麝凤蝶属 *Byasa* Moore, 1882

全世界记载约 15 种，主要分布在亚洲东部和南部地区。

本属从曙凤蝶属中分出，形态上与曙凤蝶属较为接近，有的文献仍将其归在曙凤蝶属内。

24．麝凤蝶 *Byasa alcinous*（Klug，1836）

分布：中国大部分地区；亚洲东南部。

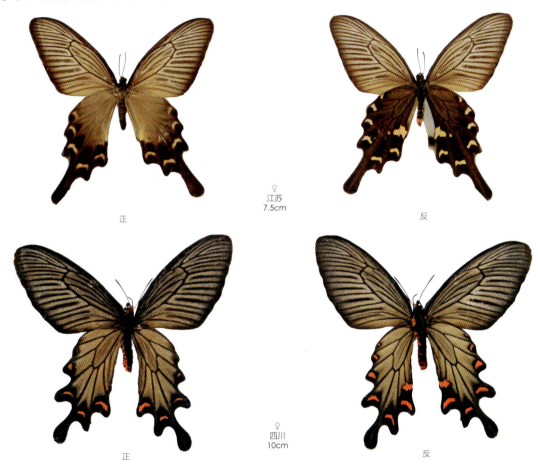

正　　　♀ 江苏 7.5cm　　　反

正　　　♀ 四川 10cm　　　反

25．云南麝凤蝶 *Byasa hedistus*（Jordan，1928）

分布：中国南部；越南北部地区。

正　　　♂ 四川 7.5cm　　　反

26. 多姿麝凤蝶 *Byasa polyeuctes*（Doubleday，1842）

分布：中国山西、四川、云南、西藏、台湾等地，印度、不丹、尼泊尔、泰国、越南。

● 指名亚种 *Byasa polyeuctes polyeuctes*（Doubleday，1842）

正

反

♂
四川
11cm

● 台湾亚种 *Byasa polyeuctes termessus*（Fruhstorfer，1908）

正

♂
台湾
10cm

反

（六）珠凤蝶属 *Pachliopta* Reakirt, 1865

全世界记载约 17 种，主要分布在亚洲东部和南部地区。

本属从麝凤蝶属分出，形态上与麝凤蝶属十分接近，有的文献仍将其归在麝凤蝶属内。

27. 红珠凤蝶（红纹凤蝶）*Pachliopta aristolochiae*（Fabricius，1775）

分布：亚洲东南部。

● 小斑亚种 *Pachliopta aristolochiae adaeus*（Rothschild，1908）

♂
云南
8.5cm

正　　　　　　　　　　反

● 多斑亚种 *Pachliopta aristolochiae interposius*（Fruhstorfer，1904）

♀
台湾
10cm

正　　　　　　　　　　反

28. 宝珠凤蝶 *Pachliopta polyphontes*（Boisduval，1836）

分布：中国中部及以南地区；亚洲东部和南部。

正

♂
印度尼西亚
12cm

反

（七）番凤蝶属 *Parides* Hübner, 1819

全世界记载有 40 多种，主要分布在中南美洲。

29. 豹番凤蝶 *Parides panthonus*（Cramer，1780）

分布：巴西、圭亚那、苏里南等地。

正

♀
秘鲁
7.5cm

反

30. 查布尔番凤蝶 *Parides chabrias*（Hewitson，1852）

分布：厄瓜多尔、秘鲁、巴西、圭亚那等地。

正　　　　　　　　♂
秘鲁
7cm　　　　　　　　反

31. 宽绒番凤蝶 *Parides sesostris*（Cramer，1779）

分布：墨西哥、巴西、秘鲁。

正

反

♂
秘鲁
10cm

32. 潘氏番凤蝶 *Parides panares*（Gray，1853）

分布：厄瓜多尔、秘鲁。

正　　　　♀ 秘鲁 7cm　　　　反

（八）贝凤蝶属（荆凤蝶属）*Battus* Scopoli, 1777

全世界记载约 17 种，主要分布在中南美洲。

33. 带荆凤蝶（克拉贝凤蝶）*Battus crassus*（Cramer，1777）

分布：哥斯达黎加至巴西的广大区域。

正

反

♂ 秘鲁 10cm

34．布贝凤蝶（贝鲁贝凤蝶）*Battus belus* Cramer，1777

分布：墨西哥南部到亚马孙河流域和玻利维亚一带。

正

反

♂
秘鲁
9.5cm

35．美贝荆凤蝶 *Battus madyes*（Doubleday，1846）

分布：从厄瓜多尔到玻利维亚和阿根廷的广大区域。

正

♂
秘鲁
8cm

反

（九）噬药凤蝶属 *Pharmacophagus* Haase, 1891

全世界记载仅 1 种，分布在马达加斯加。

36. 安蒂噬药凤蝶 *Pharmacophagus anteno*（Drury，1773）

分布：马达加斯加。

正

正

♀
马达加斯加
13.5cm

（十）凤蝶属 *Papilio* Linnaeus, 1758

本属为凤蝶科中最常见的一个属，全世界记载约 210 种，通常被分为 9 亚属，分别是美凤蝶亚属 [*Papilio*（*Menelaides*）]、翠凤蝶亚属 [*Papilio*（*Princeps*）]、华凤蝶亚属 [*Papilio*（*Sinopringceps*）]、凤蝶亚属 [*Papilio*（*Papilio*）]、芷凤蝶亚属 [*Papilio*（*Heraclides*）]、德凤蝶亚属 [*Papilio*（*Druryia*）]、豹凤蝶亚属 [*Papilio*（*Pyrrhosticta*）]、虎纹凤蝶亚属 [*Papilio*（*Pterourus*）] 和佳美凤蝶亚属 [*Papilio*（*Euchenor*）]。由于该属种类多，分布广，目前分类上颇具争议性。

37. 美凤蝶 *Papilio memnon* Linnaeus，1758

分布：中国四川、浙江、广东、福建、台湾等地；亚洲东部和南部地区。

该种雌蝶有无尾型和有尾型两种形态。

● 大陆亚种　*Papilio memnon agenor* Linnaeus，1758

正

反

♂
四川
13cm

正

反

♀，无尾型
四川
13cm

正

♀，有尾型
四川
12.5cm

反

● 台湾亚种（大凤蝶） *Papilio memnon heronus* Fruhstorfer， 1902

正　　　　　　　♀，无尾型　　　　　　　反
　　　　　　　　台湾
　　　　　　　　12cm

正

反

♂
台湾
13cm

38. 蓝美凤蝶 *Papilio protenor* Cramer，1775

分布：中国四川、陕西、西藏、浙江、河南、广东、福建、台湾等地；东亚及南亚地区。

● 指名亚种 *Papilio protenor protenor* Cramer，1775

♂
广东
9cm

正   反

● 台湾亚种 *Papilio protenor amaurus* Jordan，1909

♀
台湾
11cm

正   反

39. 台湾美凤蝶 *Papilio thaiwanus*（Rothschild，1898）

分布：中国台湾。

本种被列入中国《国家保护的有益的或者有重要经济、科学研究价值的陆生野生动物名录》。

♂
台湾
9cm

正   反

40. 红斑美凤蝶 *Papilio rumanzovia* Eschscholtz，1821

分布：中国湖北、云南、海南、台湾；日本、印度等地。

本种被列入中国《国家保护的有益的或者有重要经济、科学研究价值的陆生野生动物名录》。

♂
台湾
11cm

正　　　　　　　　反

41. 牛郎美凤蝶（黑美凤蝶） *Papilio bootes* Westwood，1842

分布：中国四川、云南等地；缅甸。

● 黑色亚种 *Papilio bootes nigricans* Rothschild，1895

♀
四川
10.5cm

正　　　　　　　　反

♂
四川
10cm

正　　　　　　　　反

42. 美姝凤蝶 *Papilio macilentus* Janson，1877

分布：中国中部及以南各省；俄罗斯、日本、韩国等地。

正　　　　♂ 江苏 8.5cm　　　　反

43. 玉带美凤蝶 *Papilio polytes* Linnaeus，1758

分布：中国黄河流域及以南广大地区；印度、马来西亚、日本、朝鲜等地。

● 指名亚种 *Papilio polytes polytes* Linnaeus，1758

正　　　　♀ 江苏 7.5cm　　　　反

正　　　　♂ 江苏 9.5cm　　　　反

● 苏拉威西亚种 *Papilio polytes alcindor* Oberthür，1879

♂
马来西亚
9cm

正　　　　　　　　　　　　　　　　　　反

44. 玉斑美凤蝶 *Papilio helenus* Linnaeus，1758

分布：中国中部至南部地区；日本、朝鲜、印度尼西亚、泰国、印度等地。

♂
广西
11cm

正　　　　　　　　　　　　　　　　　　反

45. 宽带美凤蝶 *Papilio nephelus* Boisduval，1836

分布：中国南部及台湾；泰国、缅甸、尼泊尔、马来西亚、印度尼西亚等地。

♂
四川
10.5cm

正　　　　　　　　　　　　　　　　　　反

正

♂
云南
10cm

46．纳补美凤蝶 *Papilio noblei* de Nicéville，1889

分布：中国云南；东南亚地区。

正　　　　　　　　　　　　　　　　　　反

♂
云南
11cm

47．南亚碧美凤蝶 *Papilio lowii* Druce，1873

分布：印度尼西亚、菲律宾等地。

正　　　　　　　　　　　　　　　　　　反

♂
印度尼西亚
13cm

48．玉牙美凤蝶 *Papilio castor*（Westwood，1842）

分布：中国四川、海南、广东、广西、福建及台湾；印度、缅甸、中南半岛等。

▪台湾亚种（无尾白纹凤蝶）*Papilio castor formosanus*（Rothschild，1896）

♂
台湾
8cm

正　　　　　反

49．手掌美凤蝶 *Papilio ambrax* Boisduval，1832

分布：印度尼西亚、澳大利亚、巴布亚新几内亚等地。

♂
菲律宾
10cm

正　　　　　反

50．果园美凤蝶 *Papilio aegeus* Donovan，1805

分布：澳大利亚、巴布亚新几内亚、印度尼西亚、马来西亚等地。

●欧门斯亚种 *Papilio aegeus ormenulus* Guérin-Méneville，1831

♂
马来西亚
12cm

正　　　　　反

● 奥赛罗亚种 *Papilio aegeus othello* Grose-Smith，1894

正　　　　　　　　　　　　♂
　　　　　　　　　　　　马来西亚
　　　　　　　　　　　　10cm　　　　　　　　　反

51. 巨美凤蝶 *Papilio gigon* C. *et* R. Felder，1864

分布：印度尼西亚。

正

反

♂
印度尼西亚
13cm

52. 重帏翠凤蝶（双环凤蝶） *Papilio hoppo* Matsumura，1908

分布：中国台湾。

正　　　　　♂
台湾
10cm　　　　　反

53. 绿带翠凤蝶 *Papilio maackii* Ménétriès，1859

分布：中国大部分地区；日本、朝鲜、俄罗斯等地。

正

反

♀
云南
12cm

♂
四川
10.5cm

正　　　　　　　　　　　　　反

54. 窄斑翠凤蝶 *Papilio arcturus* Westwood，1842

分布：中国中南部；印度、缅甸西北、越南、泰国等地。

♂
四川
10cm

正　　　　　　　　　　　　　反

55. 波绿翠凤蝶 *Papilio polyctor* Boisduval，1836

分布：中国云南；喜马拉雅山区和印度等地。

● 谢氏亚种 *Papilio polyctor xiei* Chou，1994

♀
云南
11cm

正　　　　　　　　　　　　　反

56. 巴黎翠凤蝶（宝镜凤蝶）*Papilio paris* Linnaeus，1758

分布：中国中部、南部及台湾、香港；东南亚地区。

● 指名亚种　*Papilio paris* Linnaeus，1758

♂
四川
9.5cm

正　　　　　　　　　　　　　　　　　反

● 台南亚种　*Papilio paris hermosanus* Rebel，1906

♂
台湾
9cm

正　　　　　　　　　　　　　　　　　反

● 巴塔亚种　*Papilio paris battacorum* Rothschild，1908

♂
印度尼西亚
9.5cm

正　　　　　　　　　　　　　　　　　反

57. 翡翠凤蝶 *Papilio peranthus* Fabricius，1787

分布：印度尼西亚、马来西亚、菲律宾等地。

● 阿达曼亚种 *Papilio peranthus adamantius* C. *et* R. Felder，1865

♂
印度尼西亚
11cm

正　　　　　　　　　　　　反

● 中间亚种 *Papilio peranthus intermedius* Snellen，1890

♂
印度尼西亚
9cm

正　　　　　　　　　　　　反

58. 五斑翠凤蝶 *Papilio lorquinianus* C. *et* R. Felder， 1879

分布：印度尼西亚。

♂
印度尼西亚
9cm

正　　　　　　　　　　　　反

59．碧凤蝶 *Papilio bianor* Cramer，1777

分布：中国广大地区；日本、朝鲜、印度尼西亚、菲律宾、印度、巴布亚新几内亚等地。

● 指名亚种 *Papilio bianor bianor* Cramer，1777

♂
江苏
9cm

正　　　　　　　　　反

● 台湾亚种（乌鸦凤蝶） *Papilio bianor thrasymedes* Fruhstorfer，1909

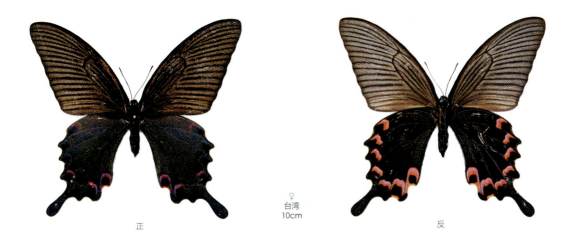

♀
台湾
10cm

正　　　　　　　　　反

60．印尼碧翠凤蝶（蓝尾翠凤蝶） *Papilio blumei* Boisduval，1836

分布：印度尼西亚苏拉威西岛。

♂
苏拉威西岛
10cm

正　　　　　　　　　反

61. 小天使翠凤蝶 *Papilio palinurus* Fabricius， 1787

分布：缅甸、印度尼西亚、菲律宾等地。

印度尼西亚
♂
9.5cm

正　　　　　　　　　　　　　　反

62. 英雄翠凤蝶（天堂凤蝶、琉璃凤蝶） *Papilio ulysses* Linnaeus， 1758

分布：印度尼西亚、澳大利亚。

● 指名亚种 *Papilio ulysses ulysses* Linnaeus， 1758

正

澳大利亚
♂
10.5cm

反

● 哈马黑拉亚种 *Papilio ulysses telegonus* C. *et* R. Felder，1860

印尼马鲁
古群岛
9.5cm

正　　　　　　　　　　　　　　反

63. 达摩翠凤蝶 *Papilio demoleus* Linnaeus，1758

分布：中国南方诸省；亚洲东南部、澳大利亚、新几内亚等地。

♀
四川
8cm

正　　　　　　　　　　　　　　反

64. 福翠凤蝶 *Papilio phorcas* Cramer，1775

分布：非洲中部地区。

● 刚果亚种 *Papilio phorcas congoanus* Rothschild，1896

♂
中非共和国
9.5cm

正　　　　　　　　　　　　　　反

65. 非洲白翠凤蝶 *Papilio dardanus* Brown，1776

分布：埃塞俄比亚、马达加斯加、莫桑比克等非洲部分地区。

正

♀
中非共和国
9.5cm

反

66. 珞翠凤蝶 *Papilio lormieri* Distant，1874

分布：非洲中部地区。

正

♂
中非共和国
10cm

反

67. 钩翅翠凤蝶（黄钩凤蝶） *Papilio hesperus* Westwood，1843

分布：非洲热带和亚热带地区。

正

♂
中非共和国
11cm

反

68. 金凤蝶 *Papilio machaon* Linnaeus，1758

分布：中国南北各省；亚洲 、欧洲、北美洲、非洲广大地区。

正　　　　　♀　　　　　反
　　　　　山东
　　　　　7cm

69. 柑橘凤蝶 *Papilio xuthus* Linnaeus，1767

分布：中国南北各省区；朝鲜、日本、缅甸等地。

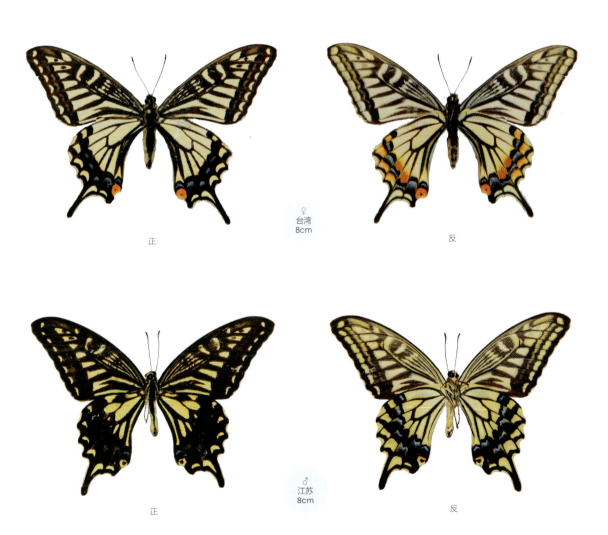

正　　　　　♀　　　　　反
　　　　　台湾
　　　　　8cm

正　　　　　♂　　　　　反
　　　　　江苏
　　　　　8cm

70. 美洲大芷凤蝶 *Papilio cresphontes* Cramer，1777

分布：北美洲，也见于哥伦比亚和委内瑞拉。

正　　　　　　　　　♂ 厄瓜多尔 9cm　　　　　　　　　反

71. 草芷凤蝶 *Papilio thoas* Linnaeus，1771

分布：南美洲、中美洲广大地区及美国、墨西哥等地。

正　　　　　　　　　反

♀ 秘鲁 13cm

♂
秘鲁
11.5cm

正　　　　　　　　　　　　反

72. 南美芷凤蝶 *Papilio astyalus* Godart，1819

分布：南美洲、中美洲及墨西哥。

♂
秘鲁
9.5cm

正　　　　　　　　　　　　反

73. 珠铄芷凤蝶 *Papilio torquatus* Cramer，1777

分布：南美洲、中美洲及墨西哥。

♂
秘鲁
8cm

正　　　　　　　　　　　　反

74. 拟红纹芷凤蝶 *Papilio anchisiades* Esper，1788

分布：从美国到阿根廷的广大地区。

正　　　　　　　　♀秘鲁9cm　　　　　　　　反

正

♀秘鲁10cm

75. 丰收芷凤蝶 *Papilio isidorus* Doubleday，1846

分布：中美洲、南美洲。

正　　　　　　　　♂秘鲁8cm　　　　　　　　反

76．长翅德凤蝶 *Papilio antimachus* Drury，1782

分布：非洲中部和西部地区。

正

反

喀麦隆
22cm

77．波浪德凤蝶 *Papilio zalmoxis* Hewitson，1864

分布：非洲中部地区。

正

反

♂
中非共和国
14.5cm

78．玉石德凤蝶 *Papilio chrapkowskoides* Storace，1952

分布：非洲中部地区。

正　　　　　♀
中非共和国
9.5cm　　　　　反

79．绿霓德凤蝶 *Papilio nireus* Linnaeus，1758

分布：撒哈拉沙漠以南的非洲地区。

正　　　　♂
中非共和国
9.5cm　　　　反

80．米带德凤蝶 *Papilio mechowianus* Dewitz，1885

分布：安哥拉、刚果、中非共和国等地。

正　　　　♂
喀麦隆
8.5cm　　　　反

81．天顶德凤蝶 *Papilio zenobia* Fabricius，1775

分布：非洲中部地区。

正　　　　♂
中非共和国
8.5cm　　　　反

82. 豹凤蝶 *Papilio zagreus* Doubleday，1847

分布：南美洲。

正

♂
秘鲁
12.5cm

反

83. 芒须豹凤蝶 *Papilio menatius*（Hübner，1819）

分布：北美洲南部至南美洲广大地区。

正

♂
秘鲁
12cm

反

84．佳美凤蝶 *Papilio euchenor* Guérin-Ménéville， 1829

分布：巴布亚新几内亚、苏门答腊、印度尼西亚苏拉威西岛等地。

有些学者将该种独立成属，即佳美凤蝶属（*Euchenor* Igarashi ）。

♀
新几内亚
11cm

正　　　　　反

（十一）斑凤蝶属 *Chilasa* Moore, 1881

全世界记载有 10 种，主要分布在亚洲南部和澳大利亚东部地区。目前国际上多将该属作为凤蝶属（*Papilio* Linnaeus）的一个亚属看待。

85．斑凤蝶 *Chilasa clytia*（Linnaeus， 1758 ）

分布：中国南方地区；东南亚。

● 基本型 *Chilasa clytia f.clytia*（Linnaeus， 1758 ）

♂
海南
8cm

正　　　　　反

● 异常型 *Chilasa clytia f.disimilis*（Linnaeus, 1758）

♂
海南
8cm

正   反

● 帕氏亚种 *Chilasa clytia palephates*（Westwood，1845）

♂
马来西亚
9cm

正   反

86. 褐斑凤蝶 *Papilio agestor* Gray，1831

分布：中国中部、南部及台湾等地；东南亚地区。

● 限定亚种 *Chilasa agestor restricta*（Leech，1893）

♂
四川
9.5cm

正   反

87.　翠蓝斑凤蝶　*Chilasa paradoxa* Zincken，1831

分布：中国云南；东南亚和印度等地。

- 云南亚种　*Chilasa paradoxa telearchus*（Hewitson，1852）

云南
11cm
♂

正　　　　　　　　　反

88.　小黑斑凤蝶（小褐斑凤蝶）　*Chilasa epycides* Hewitson，1864

分布：中国西部和西南部及浙江、福建、台湾等；东南亚和南亚地区。

云南
7.5cm
♀

正　　　　　　　　　反

云南
7cm
♂

正　　　　　　　　　反

（十二）钩凤蝶属 *Meandrusa* Moore, 1888

全世界记载有 2 种，主要分布于亚洲南部至西南部地区。

89. 褐钩凤蝶 *Meandrusa sciron*（Leech，1890）

分布：中国东部、中部至西部地区；印度、不丹。

● 风伯亚种 *Meandrusa sciron aribbas*（Fruhstorfer，1909）

正　　　　　♂ 四川 8cm　　　　　反

（十三）青凤蝶属 *Graphium* Scopoli, 1777

全世界记载有 70 多个种，分为 5 个亚属，分别是 *Arisbe* 亚属［*Graphium(Arisbe)*］、青凤蝶亚属［*Graphium(Graphium)*］、纹凤蝶亚属［*Graphium(Paranticopsis)*］、绿凤蝶亚属［*Graphium(Pathysa)*］和剑凤蝶亚属［*Graphium(Pazala)*］。广泛分布于亚洲、中美洲、非洲及大洋洲。我国学者一般将其中的纹凤蝶亚属、绿凤蝶亚属和剑凤蝶亚属分别独立成纹凤蝶属（*Paranticopsis* Wood-Mason *et* de Nicéville）、绿凤蝶属（*Pathysa* Reakirt）和剑凤蝶属（*Pazala* Moore）

90. 青凤蝶 *Graphium sarpedon*（Linnaeus，1758）

分布：中国除东北、华北以外的广大地区；亚洲东南部；澳大利亚。

正　　　　　♂ 台湾 7cm　　　　　反

91．木兰青凤蝶 *Graphium doson*（C. *et* R. Felder，1864）

分布：中国中部和东南部；亚洲东南部地区。

♀
台湾
6cm

正　　　　反

♂
菲律宾
5cm

正　　　　反

92．统帅青凤蝶 *Graphium agamemnon*（Linnaeus，1758）

分布：中国南方地区；亚洲东部和南部。

♂
四川
7.5cm

正　　　　反

93. 碎斑青凤蝶 *Graphium chironides*（Honrath，1884）

分布：中国南方地区；亚洲东南部。

♀
广西
7.5cm

正　　　　　　　　　　　　反

♂
云南
6.5cm

正　　　　　　　　　　　　反

94. 宽带青凤蝶 *Graphium cloanthus*（Westwood，1841）

分布：中国中部、南部及台湾；亚洲东部和南部地区。

● 特宽亚种 *Graphium cloanthus kuge*（Fruhstorfer，1908）

♂
四川
6.5cm

正　　　　　　　　　　　　反

● 短带亚种 *Graphium cloanthus clymenus*（Leech，1893）

♂
台湾
7.5cm

正　　　　　　　　　　　　　　反

95. 玫瑰青凤蝶 *Graphium weiskei*（Ribbe，1900 ）

分布：巴布亚新几内亚、爪哇岛、新几内亚岛等地。

♂
新几内亚
5.5cm

正　　　　　　　　　　　　　　反

96. 寿青凤蝶 *Graphium tynderaeus*（Fabricius，1793 ）

分布：非洲中部地区。

♂
中非共和国
8cm

正　　　　　　　　　　　　　　反

97. 非洲青凤蝶 *Graphium policenes*（Cramer，1775）

分布：非洲中部和南部地区。

♂
中非共和国
7.5cm

正　　　　　　　　　　　　　　反

98. 南亚青凤蝶 *Graphium evemon*（Boisduval，1836）

分布：东南亚地区。

♂
马来西亚
6cm

正　　　　　　　　　　　　　　反

99. 条纹青凤蝶 *Graphium meyeri*（Hopffer，1874）

分布：印度尼西亚苏拉威西岛。

♂
印度尼西亚
8cm

正　　　　　　　　　　　　　　反

100. 安泰青凤蝶 *Graphium antheus*（Cramer，1779）

分布：中非至南非地区。

♂
中非共和国
8cm

正　　　　　　　　　　　　反

101. 黄斑带青凤蝶 *Graphium codrus*（Cramer，1777）

分布：菲律宾、马来西亚、印度尼西亚苏拉威西岛、所罗门群岛。

♂
马来西亚
9cm

正　　　　　　　　　　　　反

102. 豹纹青凤蝶 *Graphium leonidas*（Fabricius，1793）

分布：非洲中部和南部地区。

♂
中非共和国
7cm

正　　　　　　　　　　　　反

103. 纹青凤蝶 *Graphium latreillianus*（Godart，1819）

分布：非洲中西部地区。

♂
中非共和国
7.5cm

正　　　　　　　　　　　　　反

104. 绿凤蝶 *Graphium antiphates*（Cramer，1775）

分布：中国南方地区；亚洲东南部。

♂
海南
6cm

正　　　　　　　　　　　　　反

105. 斜纹绿凤蝶 *Graphium agetes*（Westwood，1843）

分布：中国南方地区；亚洲东南部。

♂
四川
6cm

正　　　　　　　　　　　　　反

106. 长尾绿凤蝶 *Graphium androcles*（Boisduval，1836）

分布：印度尼西亚。

♂
新几内亚
7cm

正　　　　　　　　　　　　　反

107. 银纹凤蝶 *Graphium encelades*（Boisduval，1836）

分布：马来西亚、印度尼西亚苏拉威西岛。

♂
马来西亚
10cm

正　　　　　　　　　　　　　反

108. 纹凤蝶 *Graphium macareus*（Godart，1819）

分布：中国云南、广西、海南等地；亚洲东部和南部地区。

♀
云南
8cm

正　　　　　　　　　　　　　反

♂
云南
6.5cm

正　　　　　　　　　反

109. 客纹凤蝶 *Graphium xenocles*（Cramer，1775）

分布：中国云南、海南；东南亚地区；印度等地。

♂
云南
8cm

正　　　　　　　　　反

110. 升天剑凤蝶 *Graphium eurous*（Leech，1893）

分布：中国西藏、四川、浙江、云南、福建、台湾等；亚洲南部和西部地区。

♂
四川
6.5cm

正　　　　　　　　　反

111. 金斑剑凤蝶 *Graphium alebion*（Gray，1853）

分布：中国黄河流域及以南地区；印度。

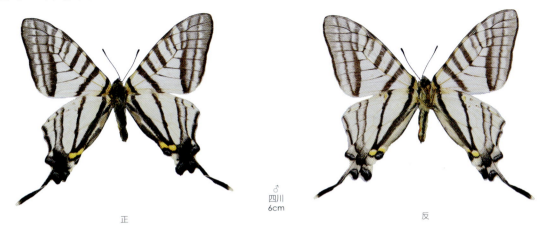

♂
四川
6cm

正　　　　　　　　反

112. 葛氏剑凤蝶 *Graphium glycerion*（Gray，1831）

分布：印度北部至中国，泰国、老挝和越南北部。

● 卡氏亚种 *Graphium glycerion caschmirensis*（Rothschild，1895）

♂
四川
6.5cm

正　　　　　　　　反

113. 乌克兰剑凤蝶 *Graphium tamerlana*（Oberthür，1876）

分布：中国河南、陕西、四川、湖北、江西等地。

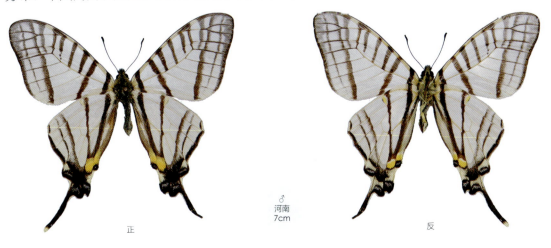

♂
河南
7cm

正　　　　　　　　反

（十四）燕凤蝶属 *Lamproptera* Gray, 1832

全世界记载有 2 种，均被列入中国《国家保护的有益的或者有重要经济、科学研究价值的陆生野生动物名录》。主要分布于亚洲南部地区。

114. 燕凤蝶 *Lamproptera curius*（Fabricius，1787）

分布：中国中部和南部地区；亚洲南部。

正　　　　　♀ 云南 2.5cm　　　　　反

115. 绿带燕凤蝶 *Lamproptera meges*（Zinkin，1831）

分布：中国中部和南部地区；亚洲南部。

正　　　　　♂ 马来西亚 4cm　　　　　反

（十五）阔凤蝶属 *Eurytides* Hübner, 1821

全世界记载有 50 多种，主要分布于中南美洲。目前有些学者主张将其中的无尾阔凤蝶（*Eurytides pausanias*）、谐阔凤蝶（*Eurytides harmodius*）、普通阔凤蝶（*Eurytides xynias*）等 11 个种从阔凤蝶属中分出，单独成属，即米莫凤蝶属（*Mimoides* Brown）。

116. 银阔凤蝶 *Eurytides leucaspis*（Godart，1819）

分布：委内瑞拉、厄瓜多尔、秘鲁和玻利维亚等地。

♂
秘鲁
7.5cm

正　　　　　　　　　　　　　　　反

117. 摩罗阔凤蝶 *Eurytides molops*（Rothschild *et* Joydan，1906）

分布：哥伦比亚、巴西、秘鲁和法属圭亚那等地。

♂
秘鲁
7.5cm

正　　　　　　　　　　　　　　　反

118. 横阔凤蝶 *Eurytides serville*（Godart，1824）

分布：委内瑞拉、厄瓜多尔、秘鲁和阿根廷等地。

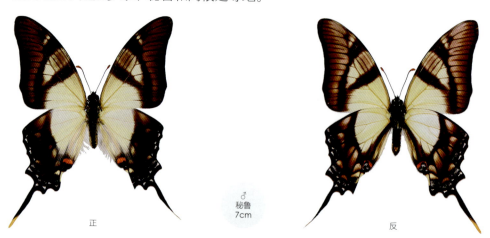

♂
秘鲁
7cm

正　　　　反

119. 地神阔凤蝶 *Eurytides agesilaus*（Guérin-Méneville *et* Percheron，1835）

分布：墨西哥、秘鲁、玻利维亚、巴西和澳大利亚等地。

♂
秘鲁
6.5cm

正　　　　反

120. 地奥阔凤蝶 *Eurytides dioxippus*（Hewitson，1855）

分布：墨西哥至中美洲巴拿马等地。

● 莱氏亚种 *Eurytides dioxippus lacandones*（Bates，1864）

♂
秘鲁
7.5cm

正　　　　反

121. 无尾阔凤蝶 *Eurytides pausanias*（Hewitson，1852）

分布：南美洲。

正　　　　　　秘鲁♂9cm　　　　　　反

122. 谐阔凤蝶 *Eurytides xeniades*（Hewitson，1867）

分布：秘鲁、玻利维亚。

正　　　　　　秘鲁♂7cm　　　　　　反

123. 普通阔凤蝶 *Eurytides xynias*（Hewitson，1875）

分布：秘鲁、玻利维亚。

正　　　　　　秘鲁♂7cm　　　　　　反

（十六）喙凤蝶属 *Teinopalpus* Hope, 1843

全世界记载有 2 种，仅分布在亚洲南部至西南部的局部地区。

本属所有种均受《濒危野生动植物种国际贸易公约》（CITES）Ⅱ级保护，并列入中国《国家保护的有益的或者有重要经济、科学研究价值的陆生野生动物名录》。

124. 金斑喙凤蝶 *Teinopalpus aureus* Mell，1923

分布：中国福建、广西、海南、广东；越南、老挝等局部山区。

本种被列为中国国家Ⅰ级保护野生动物，也是中国唯一的国家Ⅰ级保护蝶种。

正　　　　　　　♂
广东
7.5cm　　　　　　　反

125. 喙凤蝶（金带喙凤蝶）*Teinopalpus imperialis* Hope，1843

分布：中国四川、广西等；亚洲南部至西南部地区。

本种为印度国蝶。

正　　　　　　　♀
四川
10cm　　　　　　　反

正

♂
四川
8.5cm

反

（十七）虎凤蝶属 *Luehdorfia* Crüger, 1878

全世界有 4 种。主要分布在东北亚地区。

本属所有种均被列入中国《国家保护的有益的或者有重要经济、科学研究价值的陆生野生动物名录》。

126. 中华虎凤蝶 *Luehdorfia chinensis* Leech，1893

分布：中国特有种，仅分布于江苏、浙江、陕西、河南、湖北等省的局部地区。

中国国家 Ⅱ 级保护野生动物

● 指名亚种 *Luehdorfia chinensis chinensis* Leech，1893

正

♀
江苏
5cm

反

127. 太白虎凤蝶 *Luehdorfia taibai* Chou，1994

分布：中国特有种，仅分布于陕西、四川等地。

正　　　　　♀四川 5cm　　　　　反

（十八）丝带凤蝶属 *Sericinus* Westwood, 1851

全世界仅有 1 种，分布在东亚地区。

128. 丝带凤蝶 *Sericinus montelus* Gray，1852

分布：中国除华南、西北地区外的大部分省区，至朝鲜、俄罗斯。

正　　　　　♀江苏 7cm　　　　　反

正　　　　　♂江苏 7cm　　　　　反

（十九）尾凤蝶属 *Bhutanitis* Atkinson, 1873

全世界记载有 7 种，主要分布在亚洲西南部。

本属的所有种均受《濒危野生动植物种国际贸易公约》（CITES）Ⅱ级保护，并列入中国《国家保护的有益的或者有重要经济、科学研究价值的陆生野生动物名录》。

129. 三尾凤蝶 *Bhutanitis thaidina*（Blanchard，1871）

分布：中国特有种，分布于西藏、云南、四川、陕西等地。

中国国家Ⅱ级保护野生动物。

♂
四川
8.5cm

正　　　　　　　　　　　　　　　　反

130. 丽斑尾凤蝶 *Bhutanitis pulchristata* Saigusa *et* Lee，1982

分布：中国特有种，仅见于四川。

有些学者认为，此种是二尾凤蝶（*Bhutanitis mansfieldi*）的一个亚种。

♀
四川
8.5cm

正　　　　　　　　　　　　　　　　反

二、绢蝶科 Parnasiidae

　　绢蝶和凤蝶很接近，过去一直被归在凤蝶科内。但许多学者在研究了绢蝶的卵、幼虫、蛹、成虫与凤蝶明显不同的特点后，认为应将其独立成科。

　　绢蝶体形中等大小，体表密被柔软的长毛。触角短，棍棒状。前足发达，适于步行。翅面多呈丝绢般的半透明状，白色或蜡黄色，后翅无尾突。

　　本科种类均分布于高山地带和高纬度地区，耐寒能力强，有的在雪线上下紧贴地面飞翔，行动缓慢。大多在夏季进行快速的繁殖活动。交尾后，雌蝶尾部末端便形成各种形状的角质臀袋物以防再次交尾。

　　卵呈圆形或扁圆形，卵壳很厚，表面饰有细凹点。

　　幼虫和凤蝶科幼虫相似，有"V"形臭角，但臭角较小。体表色深常有红色斑纹。主要以高寒山区的景天和罂粟科植物为食。

　　蛹呈短圆柱形，表面光滑。常在石砾中化蛹，表面有一层很薄的丝茧，形成所谓的"茧蛹"，以保护自身度过漫长的严冬。

　　绢蝶科是一个小科，全世界记载仅有 3 属 64 种。中国分布有 2 属 42 种，占全世界绢蝶种类的 2/3，因此中国有"绢蝶王国"之称。

（二十）绢蝶属 *Parnassius* Latreille, 1804

　　全世界记载约 62 种，主要分布在欧洲和亚洲北部，少数分布在北美洲。

　　在中国分布的所有该属种类均列入中国国家林业局《国家保护的有益的或者有重要经济、科学研究价值的陆生野生动物名录》。

131. 阿波罗绢蝶 *Parnassius apollo*（Linnaeus，1758）

分布：中国新疆；土耳其、蒙古及欧洲大部分国家。

该种是最早列入《濒危野生动植物种国际贸易公约》（CITES）的昆虫；中国国家 II 级保护野生动物。

♂
新疆
7cm

正　　　　　　　　　　　　　　　　　　　　反

132.　红珠绢蝶（东北亚绢蝶）*Parnassius bremeri* Bremer，1864

分布：中国东北及中西部地区；朝鲜及欧洲部分国家。

正　　　　反

♀
北京
5.5cm

133.　君主绢蝶 *Parnassius imperator* Oberthür，1883

分布：青海、甘肃、四川、云南、西藏等高海拔地区。

正　　　　反

♀
西藏
6.5cm

134. 冰清绢蝶 *Parnassius glacialis* Butler，1866

分布：中国大部分地区；日本、朝鲜等地。

正　　　　　　　　　♀
江苏
5.5cm　　　　　　　　　反

正　　　　　　　　　♂
陕西
6.5cm　　　　　　　　　反

正　　　　　　　　　♂
云南
6cm　　　　　　　　　反

135．珍珠绢蝶 *Parnassius orleans* Oberthür，1890

分布：中国北部及中西部地区；蒙古。

正

反

♀
云南
5cm

136．依帕绢蝶 *Parnassius epaphus* Oberthür，1879

分布：中国甘肃、西藏、青海、四川、新疆；印度、尼泊尔、阿富汗、巴基斯坦等地。

正

♂
青海
5cm

反

三、粉蝶科 Pieridae

粉蝶体形大多中等大小。头小,触角锤状,下唇须发达,前足发育正常。翅色素雅,多呈白色或黄色,但有些种类呈鲜艳的红色或橙色。前翅三角形,后翅卵圆形,无尾状突起。

喜穿梭于鲜花丛中吸食花蜜以补充营养,或停栖在潮湿地带、浅水滩边吸水。许多种类有群栖特性,有些种类有雌雄异型或季节性变异现象。

卵呈炮弹形或宝塔形,长而直立,单产或成堆产在寄主植物上。

幼虫圆柱形,细长,胸部和腹部每一节都有多条横皱纹划分成的皱环,颜色多呈绿色或黄色。主要取食十字花科、豆科、蔷薇科等植物,有些种类是蔬菜、果树的重要害虫。

缢蛹。头部有一尖锐的突起,身体的前半部分粗壮,多有突出的棱角,后半部分瘦削。

粉蝶广布于世界各地,但以非洲中部及亚洲居多。目前被记载的有 76 属 1100 多种,中国约有 25 属 158 种左右。

(二十一)异形粉蝶属 *Lieinix* Gray, 1832

全世界记载有 6 种,分布于美洲各地。

137. 草异形粉蝶 *Lieinix nemesis*(Latreille,1813)

分布:墨西哥、秘鲁等地。

♂
秘鲁
5.5cm

正　　　　　　　反

(二十二)袖粉蝶属 *Dismorphia* Hübner, 1816

全世界记载约 28 种,主要分布在中美洲和南美洲北部地区。

138. 丽达袖粉蝶 *Dismorphia lygdamis*(Hewitson,1869)

分布:厄瓜多尔、秘鲁等地。

♂
秘鲁
5cm

正　　　　　　　反

（二十三）粉蝶属 *Pieris* Schrank, 1801

全世界记载有 40 多种，遍布世界各地。幼虫多危害十字花科蔬菜。

139．飞龙粉蝶 *Pieris naganum* Moore，1884

分布：多见于中国东南部；印度、缅甸、越南等地。

有些学者主张将该种从粉蝶属中独立出来，自成一属，即飞龙粉蝶属（*Talbotia* Bernardi）。

♂
浙江
6.5cm

正　　　　　反

140．欧洲粉蝶 *Pieris brassicae*（Linnaeus，1758）

分布：中国新疆、西藏；中亚各国；西欧及北美洲地区。

♀
西藏
5.5cm

正　　　　　反

♂
西藏
5cm

正　　　　　反

141. 黑纹粉蝶（褐脉菜粉蝶）*Pieris melete* Ménétriés，1857

分布：中国中东部地区；日本、韩国、俄罗斯等地。

正　　　　　　　　♀四川5cm　　　　　　　　反

正　　　　　　　　♂四川5cm　　　　　　　　反

142. 菜粉蝶 *Pieris rapae*（Linnaeus，1758）

分布：中国大部分省区；整个北温带；也见于澳大利亚和新西兰等地。

正　　　　　　　　♀江苏4cm　　　　　　　　反

正　　　　　　　　♂江苏4cm　　　　　　　　反

143. 暗脉菜粉蝶（绿脉菜粉蝶）*Pieris napi*（Linnaeus，1758）

分布：中国大部分省区；亚洲、欧洲、北美洲及非洲地区。

♀
江苏
5cm

正　　　　　　　　　　　　　　　　　　反

144. 东方粉蝶 *Pieris canidia*（Sparrman，1768）

分布：中国大部分省区；东亚和欧洲等地。

♀
江苏
5.5cm

正　　　　　　　　　　　　　　　　　　反

♀
台湾
5cm

正　　　　　　　　　　　　　　　　　　反

（二十四）巴利粉蝶属 *Pieriballia* Klots, 1933

全世界记载仅 1 种，主要分布于墨西哥、玻利维亚和巴拉圭等地。

145. 巴利粉蝶 *Pieriballia viardi*（Boisduval，1836）

分布：墨西哥、玻利维亚、巴拉圭等中南美洲地区。

♂
秘鲁
7cm

正　　　　　　　　　　　　　反

（二十五）纯粉蝶属 *Ascia* Scopoli, 1777

全世界记载约 5 种，主要分布于北美洲南部到南美洲中北部及澳大利亚西南部地区。

146. 布纯粉蝶 *Ascia buniae*（Hübner，1816）

分布：美洲地区。

正　　　　　　　　　　　　　反

♂
秘鲁
8cm

（二十六）帕粉蝶属 *Perrhybris* Hübner, 1819

全世界记载有 3 种，主要分布于中南美洲地区。

147. 红帕粉蝶 *Perrhybris pamela*（Stoll，1780）

分布：厄瓜多尔、秘鲁和玻利维亚等地。

♂
秘鲁
5cm

正　　　　　　　　　　　反

148. 黑带帕粉蝶 *Perrhybris lorena*（Hewitson，1852）

分布：厄瓜多尔、秘鲁和玻利维亚等地。

正

反

♂
秘鲁
7cm

（二十七）贝粉蝶属 *Belenois* Hübner, 1819

全世界记载约 30 种，主要分布于非洲和亚洲西南部地区。

149. 非洲贝粉蝶（黑边贝粉蝶）*Belenois theora*（Doubleday，1846）

分布：非洲中部地区。

正　　　　　　　　　　♂
中非共和国
6cm　　　　　　　　　反

150. 寂静贝粉蝶 *Belenois calypso*（Drury，1773）

分布：非洲中部地区。

正

反

♂
中非共和国
7cm

151. 爪哇贝粉蝶 *Belenois java*（Linnaeus，1768）

分布：主要分布于澳大利亚和亚洲东南部地区。

● 图伊特亚种 *Belenois java teutonia*（Fabricius，1775）

正　　　　　　　　　♀
台湾
6cm　　　　　　　　反

正　　　　　　　　　♂
台湾
5cm　　　　　　　　反

（二十八）绢粉蝶属 *Aporia*（Hübner, 1819）

全世界记载有 33 种，主要分布于古北区和东洋区。

152. 小檗绢粉蝶 *Aporia hippia*（Bremer，1861）

分布：中俄交界的乌苏里江流域；朝鲜半岛和日本等地。

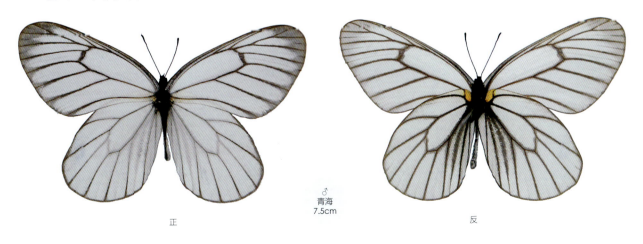

正　　　　　　　　　♂
青海
7.5cm　　　　　　　反

153. 暗色绢粉蝶 *Aporia bieti* Oberthür，1884

分布：中国中西部地区。

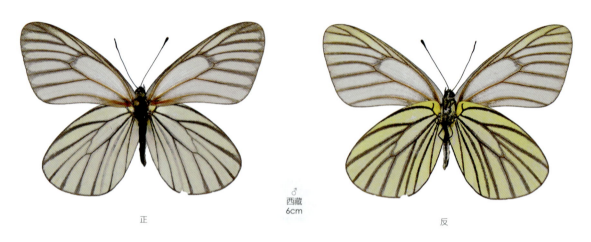

♂
西藏
6cm

正　　　　　　　　　　　　反

154. 大翅绢粉蝶 *Aporia largeteaui*（Oberthür，1881）

分布：中国中部及南方地区。

♂
湖南
7.5cm

正　　　　　　　　　　　　反

155. 利箭绢粉蝶 *Aporia harrietae* de Nicéville，1893

分布：中国西南地区；不丹、印度等地。

♂
四川
6cm

正　　　　　　　　　　　　反

（三十一）镂粉蝶属 *Leodonta* Butler, 1870

全世界记载有 5 种，主要分布在南美洲的北部地区。

164. 镂粉蝶 *Leodonta dysoni*（Doubleday，1847）

分布：南美洲的北部地区。

♂
秘鲁
5.5cm

正　　　　　　　　　　　　　　　　　反

（三十二）彩粉蝶属 *Catasticta* Butler, 1870

全世界记载约 99 种，主要分布在北美洲南部至南美洲西北部地区。

165. 阿菲彩粉蝶 *Catasticta affinis* Röber，1909

分布：南美洲的北部地区。

♂
秘鲁
4cm

正　　　　　　　　　　　　　　　　　反

166．白带彩粉蝶 *Catasticta sisamnus*（Fabricius，1793）

分布：南美洲的西北部地区。

正　　　　　　　♂
秘鲁
5cm　　　　　　　反

（三十三）黑粉蝶属 *Pereute* Herrich-Schäffer, 1867

全世界记载约9种，主要分布在北美洲南部至南美洲地区。

167．红弧黑粉蝶 *Pereute callinira* Staudinger，1884

分布：秘鲁、哥伦比亚、玻利维亚和厄瓜多尔等地。

正　　　　　　　♂
秘鲁
6.5cm　　　　　　　反

168．淡黑粉蝶 *Pereute charops*（Boisduval，1836）

分布：墨西哥、哥伦比亚、秘鲁等地。

正　　　　　　　♂
秘鲁
7cm　　　　　　　反

（三十四）斑粉蝶属 *Delias* Hübner, 1819

全世界记载有 250 多种，主要分布在南亚地区和澳大利亚。

169. 报喜斑粉蝶 *Delias pasithoe*（Linnaeus，1767）

分布：中国南部地区、台湾；不丹、老挝、菲律宾、印度尼西亚、印度等地。

● 海南亚种 *Delias pasithoe cyrania* Fruhstorfer，1913

正   ♂ 海南 6.5cm   反

● 云南亚种 *Delias pasithoe thyra* Fruhstorfer，1905

正   ♂ 云南 7cm   反

● 台湾亚种 *Delias pasithoe curasena* Fruhstorfer，1908

正   ♀ 台湾 6cm   反

170. 洒青斑粉蝶 *Delias sanaca*（Moore，1857）

分布：中国陕西；越南、不丹、印度、印度尼西亚等地。

♂
四川
7.5cm

正　　　　　　　　　　　　　　　　　　反

171. 艳妇斑粉蝶 *Delias belladonna*（Fabricius，1793）

分布：中国中部及以南地区、台湾；东南亚及印度等地。

正

反

♂
福建
8cm

172.　侧条斑粉蝶 *Delias lativitta* Leech，1893

分布：中国华南地区及台湾；泰国、缅甸、不丹、巴基斯坦等地。

● 台湾亚种 *Delias lativitta formosana* Matsumura，1909

正

反

♀
台湾
9cm

173.　隐条斑粉蝶 *Delias subnubila* Leech，1893

分布：中国中部和西南部地区。

正

♂
印度尼西亚
8cm

反

174. 优越斑粉蝶 *Delias hyparete*（Linnaeus，1758）

分布：中国南方地区；越南、泰国、印度尼西亚、印度、不丹等地。

♂
云南
6.5cm

正　　　　　　　　　　　　　　　　反

175. 丽斑粉蝶 *Delias descombesi*（Boisduval，1836）

分布：印度、不丹、缅甸、印度尼西亚及马来西亚。

♀
印度尼西亚
7cm

正　　　　　　　　　　　　　　　　反

♂
印度尼西亚
6cm

正　　　　　　　　　　　　　　　　反

176. 新斑粉蝶 *Delias ceneus*（Linnaeus，1758）

分布：尼泊尔、不丹、印度等南亚地区。

♂
印度尼西亚
7cm

正　　　　　　　　反

（三十五）锯粉蝶属 *Prioneris* Wallace, 1867

全世界记载约 7 种，主要分布在中国、印度、马来西亚、印度尼西亚等地。

177. 锯粉蝶 *Prioneris thestylis* Doubleday，1842

分布：中国海南、广东、广西、云南、台湾等地。

● 海南亚种 *Prioneris thestylis hainanensis* Fruhstorfer，1910

♂
广东
8cm

正　　　　　　　　反

● 台湾亚种 *Prioneris thestylis formosana* Fruhstorfer，1903

♂
台湾
8cm

正　　　　　　　　反

178.　红肩锯粉蝶　*Prioneris clemanthe*（Doubleday，1846）

分布：中国南方地区；越南、泰国、缅甸、马来西亚、印度尼西亚、印度等地。

● 指名亚种 *Prioneris clemanthe clemanthe*（Doubleday，1846）

♂
马来西亚
7cm

正　　　　　　　　反

● 海南亚种 *Prioneris clemanthe euclemanthe* Fruhstorfer，1903

♂
云南
6.5cm

正　　　　　　　　反

（三十六）尖粉蝶属　*Appias* Hübner, 1819

全世界记载约 44 种，主要分布在非洲和南亚地区。

179.　树尖粉蝶　*Appias sylvia*（Fabricius，1775）

分布：喀麦隆、中非共和国、赤道几内亚等非洲中部地区。

♂
中非共和国
5.5cm

正　　　　　　　　反

180.　桧尖粉蝶　*Appias sabina*（C. *et* R. Felder，1865）

分布：非洲中部和南部地区。

♂
中非共和国
5cm

正　　　　　　　　反

181.　黑尖粉蝶　*Appias perlucens* Butler，1898

分布：喀麦隆、安哥拉、刚果等地。

♂
中非共和国
5cm

正　　　　　　　　反

182.　灵奇尖粉蝶　*Appias lyncida*（Cramer，1777）

分布：中国云南、广东、广西、海南及台湾等地；南亚和东南亚地区。

♂
云南
5cm

正　　　　　　　　反

♂ 印度尼西亚 5cm

正　　反

183. 利比尖粉蝶 *Appias libythea*（Fabricius，1775）

分布：中国广东、海南；亚洲东南部和印度等地。

♂ 印度尼西亚 6cm

正　　反

184. 联眉尖粉蝶 *Appias remedios* Schröder *et* Treadaway，1990

分布：中国广东、海南；东南亚和南亚地区。

♀ 印度尼西亚 6cm

正　　反

♂
印度尼西亚
5cm

正　　　　　　　　　反

185. 白翅尖粉蝶 *Appias albina*（Boisduval，1836）

分布：中国云南、广西；东南亚及印度、澳大利亚等地。

♂
印度尼西亚
5cm

正　　　　　　　　　反

186. 红翅尖粉蝶 *Appias nero*（Fabricius，1793）

分布：中国南方地区；东南亚。

♂
印度尼西亚
6cm

正　　　　　　　　　反

♂
云南
7cm

正　　　　　　　　　　　　　　　　反

187. 云尖粉蝶 *Appias nephele* Hewitson，1861

分布：东南亚地区。

♀
马来西亚
7cm

正　　　　　　　　　　　　　　　　反

（三十七）酪粉蝶属 *Melete* Swainson, 1831

全世界记录有 6 种，主要分布在北美洲南部至南美洲北部地区。

188. 酪粉蝶 *Melete lycimnia*（Cramer，1777）

分布：美国南部至玻利维亚。

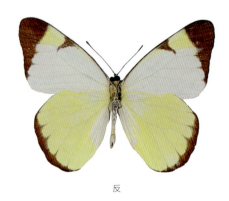

♂
秘鲁
5.5cm

正　　　　　　　　　　　　　　　　反

（三十八）乃粉蝶属 *Nepheronia* Butler, 1870

全世界记载有 6 种，主要分布在非洲地区。

189. 发乃粉蝶 *Nepheronia pharis*（Boisduval，1836）

分布：非洲大部分地区。

♂
秘鲁
5cm

正　　　　　　　　　　　反

190. 黑缘乃粉蝶 *Nepheronia argia*（Fabricius，1775）

分布：非洲大部分地区。

♂
中非共和国
6.5cm

正　　　　　　　　　　　反

（三十九）襟粉蝶属 *Anthocharis*（Boisduval, Rambur, Duméril *et* Graslin, 1833）

全世界记载约 19 种，主要分布在北美洲南部、欧洲、亚洲西部和东北部地区。

191. 皮氏尖襟粉蝶 *Anthocharis bieti* Oberthür，1884

分布：中国西南和西北地区；俄罗斯。

♂
四川
4.5cm

正　　　　　　　　　　　反

192. 橙翅襟粉蝶 *Anthocharis bambusarum* Oberthür，1886

分布：中国江苏、浙江、河南、陕西、四川等地。

正　　　♀　　　反
四川
4cm

正　　　♂　　　反
四川
3.5cm

193. 黄尖襟粉蝶 *Anthocharis scolymus* Butler，1866

分布：中国中东部地区；东亚及日本等地。

正　　　♀　　　反
江苏
4cm

正　　　♂　　　反
江苏
4cm

（四十）橙粉蝶属 *Ixias* Hübner, 1919

全世界记载约 13 种，主要分布在东洋区。

194. 橙粉蝶 *Ixias pyrene*（Linnaeus，1764）

分布：中国南部；印度、不丹和东南亚各国。

正　　　　　　　　♀
台湾
5cm　　　　　　　　反

正

反

♂
广东
6cm

（四十一）青粉蝶属 *Pareronia* Bingham, 1907

全世界记载约 14 种，主要分布在东南亚地区。

195. 特里青粉蝶（草青粉蝶）*Pareronia tritaea*（C. *et* R. Felder，1859）

分布：印度尼西亚。

正

♂
印度尼西亚
9cm

反

（四十二）鹤顶粉蝶属 *Hebomoia* Hübner, 1819

全世界记载有 2 种，主要分布在东南亚地区。

196. 鹤顶粉蝶 *Hebomoia glaucippe*（Linnaeus，1758）

分布：中国南方诸省；东南亚和南亚地区。

● 指名亚种 *Hebomoia glaucippe glaucippe*（Linnaeus，1758）

正

♂
海南
8cm

反

● 台湾亚种 *Hebomoia glaucippe formosana* Fruhstorfer，1908

♀
台湾
8cm

正　　　　　　　　　　　　　　反

● 爪哇亚种 *Hebomoia glaucippe javanensis*（Wallace，1863）

♂
印度尼西亚
7.5cm

正　　　　　　　　　　　　　　反

197. 红翅鹤顶粉蝶 *Hebomoia leucippe*（Cramer，1775）

分布：印度尼西亚。

● 指名亚种 *Hebomoia leucippe leucippe*（Cramer，1775）

♂
台湾
9.5cm

正　　　　　　　　　　　　　　反

● 伯伦岛亚种 *Hebomoia leucippe detanii* Nishimura，1983

正

反

♂
新几内亚
9cm

（四十三）珂粉蝶属 *Colotis* Hübner, 1819

全世界记载约 49 种，主要分布在非洲和亚洲西南部。

198. 顶红珂粉蝶 *Colotis pallene*（Hopffer，1855）

分布：南非、博茨瓦纳、纳米比亚等非洲南部地区。

正

♂
中非共各国
4cm

反

（四十四）环黄粉蝶属 *Gandaca* Moore, 1906

全世界记载仅2种，主要分布在印度、中南半岛、菲律宾和中国南方地区。

199. 环黄粉蝶 *Gandaca harina*（Horsfield，1829）

分布：中国海南及台湾；越南、泰国、不丹、菲律宾等东南亚地区。

♂
印度尼西亚
4cm

正　　　　　　　　　　　反

（四十五）迁粉蝶属 *Catopsilia* Hübner, 1819

全世界记载约9种，广泛分布于亚洲至非洲热带地区、澳洲及摩鹿加群岛。该属物种具有结群迁飞的习性。

200. 迁粉蝶 *Catopsilia pomona*（Fabricius，1775）

分布：亚洲和澳大利亚。

由于生活环境不同，该种具多型性。

● 有纹形 *Catopsilia pomona f. pomona*（Fabricius，1775）

♀
台湾
7cm

正　　　　　　　　　　　反

● 无纹形 *Catopsilia pomona f.crocale*（Fabricius，1775）

♂
马来西亚
6cm

正　　　　　　　　　　　　　　　反

● 红角形 *Catopsilia pomona f.hilaria*（Cramer，1782）

♀
四川
5.5cm

正　　　　　　　　　　　　　　　反

● 血斑形 *Catopsilia pomona f.catilla*（Cramer，1782）

♀
云南
5.5cm

正　　　　　　　　　　　　　　　反

● 银斑形 *Catopsilia pomona f.jugurtha*（Cramer，1779）

♀
云南
5cm

正　　　　　　　　　　　反

201. 镉黄迁粉蝶 *Catopsilia scylla*（Linnaeus，1763）

分布：亚洲东南部和澳大利亚。

♀
海南
5.5cm

正　　　　　　　　　　　反

♂
云南
6cm

正　　　　　　　　　　　反

202. 梨花迁粉蝶 *Catopsilia pyranthe*（Linnaeus，1758）

分布：中国海南、福建、广东、四川等省；东南亚、南亚地区及澳大利亚。

正　　　　　　　　　　♀
　　　　　　　　　海南
　　　　　　　　6.5cm　　　　　　　　　反

正　　　　　　　　　　♂
　　　　　　　　　海南
　　　　　　　　6cm　　　　　　　　　反

203. 非洲迁粉蝶 *Catopsilia florella*（Fabricius，1775）

分布：非洲各地。

正　　　　　　　♂
　　　　　中非共和国
　　　　　6cm　　　　　　　反

（四十六）菲粉蝶属 *Phoebis* Hübner, 1819

全世界记载有 8 种，主要分布在美洲地区。

204. 黄纹菲粉蝶 *Phoebis philea*（Linnaeus，1763）

分布：北美洲南部至南美洲北部地区。

♂
秘鲁
7.5cm

正　　　　反

205. 杏菲粉蝶 *Phoebis argante*（Fabricius，1775）

分布：墨西哥到秘鲁，安德烈群岛和古巴等地。

正　　　　反

♂
秘鲁
6.5cm

206. 尖尾菲粉蝶 *Phoebis neocypris*（Hübner，1823）

分布：中美洲和南美洲南部地区。

● 瑞纳亚种 *Phoebis neocypris rurina* C. *et* R. Felder，1861

♂
秘鲁
7.5cm

正   反

207. 双色菲粉蝶 *Phoebis statira*（Cramer，1777）

分布：中美洲及南美洲的中南部地区。

也有些学者将该种置于（*Aphrissa* Bulter）属中。

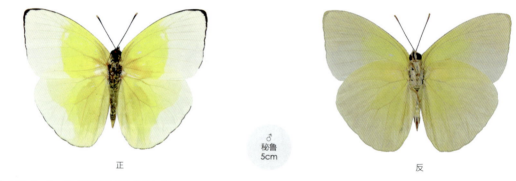

♂
秘鲁
5cm

正   反

（四十七）横纹粉蝶属 *Rhabdodryas* Godman *et* Salvin, 1889

全世界记载仅 1 种，分布于墨西哥、秘鲁、巴西等地。该属是从菲粉蝶属中移出独立成属。

208. 土黄横粉蝶 *Rhabdodryas trite*（Linnaeus，1758）

分布：墨西哥、秘鲁和巴西等地。

♀
秘鲁
6cm

正   反

（四十八）大粉蝶属 *Anteos*（Hübner, 1819）

全世界记载有 3 种，主要分布在中南美洲地区。

209. 金顶大粉蝶 *Anteos menippe*（Hübner，1818）

分布：墨西哥至南美洲地区。

♂
秘鲁
8.5cm

正　　　　　　　　　　　　　　　　反

210. 大粉蝶 *Anteos clorinde*（Godart，1824）

分布：中美洲和南美洲。

正

反

♂
秘鲁
9cm

（四十九）钩粉蝶属 *Gonepteryx* Leach, 1815

全世界记载约 15 种，主要分布在欧洲、亚洲和非洲北部地区 。

211. 圆翅钩粉蝶 *Gonepteryx amintha* Blanchard，1871

分布：中国黑龙江、河南、浙江、云南及台湾等；朝鲜、日本、尼泊尔、印度及克什米尔地区、喜马拉雅山脉等地。

● 华南亚种 *Gonepteryx amintha limonia* Mell，1943

正　　　　　♀四川7cm　　　　　反

正　　　　　♂四川6cm　　　　　反

● 台湾亚种 *Gonepteryx amintha formosana* Fruhstorfer，1908

正　　　　　♂台湾7cm　　　　　反

（五十）方粉蝶属 *Dercas* Doubleday, 1847

全世界记载约 5 种，主要分布在东南亚地区。

212．黑角方粉蝶 *Dercas lycorias*（Doubleday，1842）

分布：中国的西南地区、四川、陕西、浙江、台湾；印度、尼泊尔等地。

♀
四川
5cm

正　　　　　　　　　　反

♂
台湾
5.5cm

正　　　　　　　　　　反

（五十一）黄粉蝶属 *Eurema* Hübner, 1819

全世界记载有 70 多种，广布于非洲、欧洲南部、亚洲南部、大洋洲、北美洲和南美洲地区。

213．宽边黄粉蝶 *Eurema hecabe*（Linnaeus，1758）

分布：中国广布；亚洲南部和东部、非洲、大洋洲等广大地区。

♂
江苏
4cm

正　　　　　　　　　　反

214. 檗黄粉蝶 *Eurema blanda* Boisduval，1836

分布：中国南方地区；东南亚及印度等地。

♀
云南
4cm

正　　　　　　　　　　　　　反

♂
云南
4cm

正　　　　　　　　　　　　　反

215. 塞内加尔黄粉蝶 *Eurema senegalensis*（Boisduval，1836）

分布：非洲中部地区。

♂
中非共和国
5cm

正　　　　　　　　　　　　　反

（五十二）豆粉蝶属 *Colias*（Fabricius，1807）

全世界记载约 92 种，广布于世界各地。

216. 斑缘豆粉蝶 *Colias erate*（Esper，1805）

分布：中国广大地区；土耳其至中亚，日本、印度、欧洲东南部，非洲索马里和埃塞俄比亚等地。

正　　　　　　　　　　　　♀　　　　　　　　　反
　　　　　　　　　　　　江苏
　　　　　　　　　　　　5.5cm

正　　　　　　　　　　　　　　　　　　　　　　反

♂
江苏
5cm

217. 橙黄豆粉蝶 *Colias fieldii* Ménétriés，1885

分布：中国中西部和西南地区；伊朗、印度、泰国、印度尼西亚和乌苏里江流域。

正　　　　　　　♀
四川
5.5cm　　　　　　反

正

反

♂
四川
5cm

四、闪蝶科 Morphidae

　　闪蝶体形大而华丽，因翅的反面有成列的环状斑，外形与环蝶相似，有些学者将其归入环蝶科中。

　　闪蝶眼裸出，无毛。触角细而短。前足退化，短小无爪，跗节上长毛。前翅中室闭式，后翅中室开式；多数种类翅的正面呈蓝色，并现炫目的金属光泽，有的则具有特别迷人的图案和色彩；翅的反面多呈褐色，有或多或少的成列眼斑。腹部粗短。雌雄异型。

　　闪蝶不好访花，常以坠落果实的汁液为食，也吸食粪便等汁液。多数种类生活在亚马孙河流域的原始森林，也适应于干燥的落叶林和次生林林地。白天活动，飞翔迅捷，雄蝶尤其活跃，在明媚的阳光下常相互追逐。

　　卵多呈半圆球形。

　　幼虫细长，头上常有突起，体节上有刺，具有明显的彩色"毛丛"，通常有一个尾叉。多群集取食攀缘植物，特别是豆科植物的叶，若受到干扰，幼虫体内会释出具有臭味的化学物质，以阻吓捕食者。

　　悬蛹，蛹的头部和翅部有许多突起。

　　本科主要分布在南美洲，少数向北延伸到墨西哥和美国南部。目前被记载的有 1 属 81 种。

　　闪蝶是世界上公认的最美的蝴蝶，特别是一些大型珍稀蝶种，如光明女神闪蝶（*Morpho helena*）、欢乐女神闪蝶（*Morpho didius*）、太阳闪蝶（*Morpho hecuba*）、月神闪蝶（*Morpho cisseis*）等，尤受世界各地蝶类爱好者及收藏者的青睐。

（五十三）闪蝶属 *Morpho*（Linnaeus, 1758）

全世界记载有 81 种，主要分布在南美洲热带地区，少数向北延伸到墨西哥和美国南部。

218. 太阳闪蝶 *Morpho hecuba*（Linnaeus，1771）

分布：巴西亚马孙河流域和圭亚那地区。

本种为巴西国蝶。

正　　　　　　　　　　　　　　　　反

♂

巴西

14cm

219. 月神闪蝶 *Morpho cisseis* C. *et* R. Felder，1860

分布：巴西、玻利维亚、哥伦比亚、秘鲁、厄瓜多尔等地。

正

反

♂
巴西
13cm

220. 黑太阳闪蝶 *Morpho telemachus*（Linnaeus，1758）

分布：巴西、哥伦比亚、委内瑞拉、秘鲁等地。

● 指名亚种 *Morpho telemachus telemachus*（Linnaeus，1758）

正　　　　　　　♂
巴西
13cm
　　　　　　　　反

● 伊菲亚种 *Morpho telemachus iphiclus* C. *et* R. Felder，1862

正　　　　　　　♀
巴西
14.5cm
　　　　　　　　反

正　　　　　　　♂
巴西
11cm
　　　　　　　　反

221. 夜光白闪蝶 *Morpho sulkowskyi* Kollar，1850

分布：哥伦比亚向南至秘鲁中部。

正　　　　　　　♀ 巴西 8.5cm　　　　　　反

正　　　　　　　♂ 秘鲁 8.5cm　　　　　　反

222. 西风闪蝶 *Morpho zephyritis* A. Butler，1873

分布：玻利维亚、秘鲁。

正　　　　　　　♂ 巴西 8cm　　　　　　反

223．歌神闪蝶　*Morpho thamyris* C. *et* R. Felder，1867

分布：巴拉圭、巴西。

♀
巴西
7cm

正　　　　　　　　反

♂
巴西
7cm

正　　　　　　　　反

224．水闪蝶　*Morpho lympharis* Butler，1873

分布：秘鲁中部向东南至玻璃维亚。

♂
秘鲁
9cm

正　　　　　　　　反

225. 小蓝闪蝶 *Morpho aega* Hübner，1822

分布：巴西、委内瑞拉、哥伦比亚、秘鲁、巴拉圭等地。

正　　　　　　　　　　♂
　　　　　　　　　巴西
　　　　　　　　　7cm　　　　　　　　　反

226. 安东尼斯闪蝶 *Morpho adonis* Cramer，1775

分布：苏里南、哥伦比亚、厄瓜多尔、巴西和秘鲁等地。

正　　　　　　　　　　♂
　　　　　　　　　秘鲁
　　　　　　　　　9.5cm　　　　　　　　反

227. 黎明闪蝶 *Morpho aurora*（Westwood，1851）

分布：玻利维亚、巴西、秘鲁。

正　　　　　　　　　　♂
　　　　　　　　　巴西
　　　　　　　　　8.5cm　　　　　　　　反

228. 美神闪蝶（天蓝闪蝶）*Morpho anaxibia*（Esper，1801）

分布：巴西。

♂
巴西
12.5cm

正　　　　　　　　反

229. 塞浦路斯闪蝶 *Morpho cypris*（Westwood，1851）

分布：塞浦路斯、巴拿马、哥伦比亚、委内瑞拉、厄瓜多尔等地。

本种为塞浦路斯国蝶。

♂
哥伦比亚
11cm

正　　　　　　　　反

230. 海伦娜闪蝶（光明女神闪蝶）*Morpho helena* Staudinger，1890

分布：秘鲁、巴西等地。

本种为秘鲁国蝶。

♂
巴西
11.5cm

正　　　　　　　　反

231. 尖翅蓝闪蝶 *Morpho rhetenor*（Cramer，1775）

分布：巴西、秘鲁、委内瑞拉、哥伦比亚、圭亚那和苏里南等地。

232. 白闪蝶（肯特闪蝶） *Morpho catenarius* Perry，1811

分布：巴西

一些学者认为该种是白摩尔闪蝶（*Morpho epistrophus*）的一个亚种。

♂
巴西
12cm

正　　　反

233. 大蓝闪蝶（蓝月闪蝶） *Morpho menelaus*（Linnaeus，1758）

分布：中美洲至南美洲。

♂
巴西
11.5cm

正　　　反

234. 大陆闪蝶 *Morpho terrestris* Butler，1866

分布：巴西。

有些学者认为该种是大蓝闪蝶（*Morpho menelaus*）一个亚种。

♂
巴西
11cm

正　　　反

235. 欢乐女神闪蝶（巨鸟闪蝶）*Morpho didius* Hopffes，1874

分布：秘鲁、巴西、哥伦比亚、委内瑞拉等地。

有些学者认为该种也是大蓝闪蝶（*Morpho menelaus*）的一个亚种。

正

反

♂
秘鲁
15cm

236. 晶白闪蝶 *Morpho godarti* Guérin–Méneville，1844

分布：秘鲁、玻利维亚、哥伦比亚等地。

正

反

♂
巴西
14cm

237. 梦幻闪蝶（黄昏闪蝶）*Morpho deidamia*（Hübner，1819）

分布：巴拿马、秘鲁、玻利维亚、巴西等地。

♂
巴西
12.5cm

正　　　　　　反

正

反

♂
秘鲁
13cm

238. 海伦闪蝶 *Morpho helenor* Cramer，1776

分布：巴西。

● 双列亚种 *Morpho helenor achillaena*（Hübner，1823）
有些学者倾向于定名为 *Morpho achilleana*（Hübner，1822）

正

♂
巴西
12cm

反

239. 阿齐闪蝶 *Morpho chilles*（Linnaeus，1758）

分布：阿根廷、玻利维亚、哥伦比亚、秘鲁、厄瓜多尔、巴西等地。

♂
巴西
11.5cm

正　　　　　　反

240. 兴族闪蝶 *Morpho patroclus* C. *et* R. Felder，1861

分布：巴西、秘鲁、哥伦比亚等地。

有些学者认为该种是阿齐闪蝶（*Morpho achilles*）的一个亚种。

♂
秘鲁
11.5cm

正　　　　　　反

241. 蓓蕾闪蝶（黑框蓝闪蝶）*Morpho peleides*（Kollar，1850）

分布：墨西哥、中美洲、南美洲北部、巴拉圭等地。

♂
秘鲁
11cm

正　　　　　　反

五、环蝶科 Amathusiidae

环蝶科由蛱蝶科分出。不过现今国外的一些学者主张将环蝶科归于闪蝶科中，作为其中的一个族。

环蝶多数为大、中型蝴蝶。头小，眼有毛，触角细长，端部膨大不明显。前足退化，腹部短。翅大而宽，翅色灰暗不鲜艳，多呈灰色、黄棕色、暗褐色等。蝶翅的正面常有连续的波状纹或箭形纹，而翅的反面常有大型的环状斑纹，这也是本科最主要的特征。

环蝶大多生活在森林、竹丛阴湿的环境中。多在早晨和傍晚时活动，飞翔缓慢，作上下波浪式运动，较易捕捉。

卵呈圆球形或扁球形，有纵脊线，表面有雕刻纹，常几枚产在一起。

幼虫为圆柱形，头部有两角状突起，尾节末端有一对尖形突出。主要取食香蕉、棕榈、竹等单子叶植物。

悬蛹，椭圆形，较粗壮，头部有一对刺突。

环蝶主要分布在热带、亚热带地区。目前被记载的有 34 属 220 多种。中国有 8 属 22 种，主产于南方省区。

（五十四）猫头鹰环蝶属 *Caligo* Hübner, 1819

全世界记载约 22 种，主要分布在亚马孙流域的热带雨林及次生林中。

242. 蓝斑猫头鹰环蝶 *Caligo illioneus* Cramer，1776

分布：广布于南美洲各地，但以哥斯达黎加居多。

正

反

♂
巴西
11.5cm

243. 黄裳猫头鹰环蝶 *Caligo memnon* C. et R. Felder，1867

分布：墨西哥、哥斯达黎加、巴拿马、委内瑞拉、哥伦比亚等地。

♂
巴西
15cm

正　　　　　　　　　　　　　反

244. 曲带猫头鹰环蝶 *Caligo oedipus* Stichel，1903

分布：墨西哥向南至亚马孙热带雨林地区。

♂
秘鲁
11cm

正　　　　　　　　　　　　　反

245. 蓝裳猫头鹰环蝶（白斑猫头鹰环蝶）*Caligo martia* Godart，1824

分布：委内瑞拉、巴西至阿根廷，以巴西居多。

♂
巴西
8cm

正　　　　　　　　　　　　　反

246. 丹顶猫头环鹰 *Caligo beltrao* Illiger，1801

分布：巴西、阿根廷、巴拉圭、秘鲁等地，以巴西居多。

正

♂
秘鲁
13cm

反

（五十五）环蝶属 *Amathusia* Fabricius, 1807

全世界记载有 16 种，主要分布在印度安达曼群岛至印度尼西亚东部苏拉威西岛一带。

247. 宾汉环蝶 *Amathusia binghami* Frühstorfer，1904

分布：泰国、印度尼西亚。

正

印度尼西亚
9cm

反

（五十六）眼环蝶属 *Taenaris* Hübner, 1819

全世界记载有 28 种，主要分布在东南亚至澳大利亚一带。

248. 多眼环蝶 *Taenaris domitilla*（Hewitson，1861）

分布：印度尼西亚苏拉威西岛。

● 指名亚种 *Taenaris domitilla domitilla*（Hewitson，1861）

♀
印度尼西亚
8cm

正　　　　　　反

● 阿格里巴亚种 *Taenaris domitilla agrippa*（Fruhstorfer，1903）

♀
印度尼西亚
9cm

正　　　　　　反

249. 珍眼环蝶 *Taenaris diana* Butler，1870

分布：印度尼西亚苏拉威西岛。

♂
印度尼西亚
8cm

正　　　　　　反

（五十七）方环蝶属 *Discophora* Boisduval, 1836

全世界记载有 11 种，主要分布在印度、中国和东南亚一带。

250. 凤眼方环蝶 *Discophora sondaica* Boisduval，1836

分布：中国南方地区；东南亚和印度等地。

♂
云南
7cm

正　　　　　　　反

（五十八）矩环蝶属 *Enispe* Doubleday, 1848

全世界记载有 5 种，主要分布在亚洲西部和南部地区。

251. 繁文矩环蝶 *Enispe intermedia* Rothschild，1916

分布：中国云南；亚洲南部地区。

♂
云南
7cm

正　　　　　　　反

（五十九）斑环蝶属 *Thaumantis* Hübner, 1826

全世界记载有 4 种，主要分布在东南亚地区。

252. 紫斑环蝶 *Thaumantis diores* Doubleday，1845

分布：中国四川、云南、广西、海南等地；亚洲南部地区。

♂
四川
9cm

正　　　　　　　反

（六十）串珠环蝶属 *Faunis* Hübner, 1819

全世界记载约 13 种，主要于分布在东亚至南亚地区。

253. 串珠环蝶 *Faunis eumeus*（Drury，1773）

分布：中国四川、云南、广东、海南等地；东南亚和南亚地区。

♀
云南
8cm

正　　　　　　反

♂
海南
6.5cm

正　　　　　　反

254. 灰翅串珠环蝶 *Faunis aerope*（Leech，1890）

分布：中国四川、云南、广西、湖南等地；越南和印度尼西亚一带。

♂
四川
7cm

正　　　　　　反

255. 细纹串珠环蝶 *Faunis gracilis*（Butler，1867）

分布：马来西亚。

正　　　　　　　　　　　　♂
马来西亚
6cm　　　　　　　　　　　　反

（六十一）波纹环蝶属 *Melanocyma* Westwood, 1858

全世界记载仅 1 种，主要分布在缅甸、马来半岛、泰国、印度尼西亚等地。

256. 波纹环蝶 *Melanocyma faunula*（Westwood，1850）

分布：缅甸、马来半岛、泰国、印度尼西亚等地。

正　　　　　　　　　　　　♀
印度尼西亚
10cm　　　　　　　　　　　反

正　　　　　　　　　　　　♂
印度尼西亚
8cm　　　　　　　　　　　反

（六十二）带环蝶属 *Thauria* Moore, 1894

全世界记载有 2 种，主要分布在越南、老挝、缅甸、泰国、新加坡、马来西亚西部等东南亚地区。为典型的大型热带蝶种。

257. 带环蝶 *Thauria aliris*（Westwood，1858）

分布：东南亚地区，以马来西亚中西部居多，北部亦有很少量分布。

● 假型亚种 *Thauria aliris pseudaliris*（Butler，1877）

♂
印度尼西亚
10cm

正　　　　　　　反

258. 斜带环蝶 *Thauria lathyi* Frühstorfer，1902

分布：中国云南、广西；东南亚地区。

♀
云南
11cm

正　　　　　　　反

（六十三）箭环蝶属 *Stichophthalma* C. *et* R. Felder, 1862

全世界被记载约 10 种，主要分布在印度、中国及东南亚地区。

259. 双星箭环蝶 *Stichophthalma neumogeni* Leech，1892

分布：中国陕西、四川、云南、浙江、福建、海南等地。

正　　　　　　　　　　　　　　反

♂
四川
7cm

260. 白袖箭环蝶 *Stichophthalma louisa* Wood-Mason，1877

分布：泰国、老挝、越南等东南亚地区。

正　　　　　　　　　　　　　　反

♀
马来西亚
11.5cm

261. 箭环蝶 *Stichophthalma howqua*（Westwood，1851）

分布：中国华东、华西、台湾及中南半岛。

正　　　　　　　　♂
　　　　　　　四川
　　　　　　9.5cm　　　　　　反

（六十四）暗环蝶属 *Antirrhea* Hübner, 1822

全世界记载有 5 种，分布于南美洲。

262. 暗环蝶 *Antirrhea philoctetes*（Linnaeus，1758）

分布：哥斯达黎加、巴拿马、危地马拉、哥伦比亚、秘鲁、巴西、玻利维亚等地。

● 中间亚种 *Antirrhea philaretes intermedia* Salazar, Constantino *et* López, 1998

正

反

♂
秘鲁
8cm

六、斑蝶科 Danaidae

本科由蛱蝶科分出，目前有些学者仍主张将其保留在蛱蝶科内。

斑蝶多数为大型或中型的美丽蝴蝶。头大，触角细长，端部略加粗。头部和胸部有多个白色小点。前足退化，其中雄蝶的前足末端皱缩成刷状，无爪。多数种类翅色艳丽，有的还有闪光。雄蝶的前翅Cu脉上或后翅臀区有发香鳞。

喜在阳光下活动，飞翔时速度缓慢而优雅。许多种类喜群栖生活，有些还有远距离迁飞的习性。因幼虫期啃食了辛辣而有毒的植物，幼虫、蛹及成虫体内积有毒素，并散发出特殊的臭味，这样可避免鸟类和其他肉食性昆虫的猎食。斑蝶也是以警戒色著称的昆虫，其形态常被其他科的蝴蝶所模仿。

卵呈炮弹形或椭圆形，表面饰有纵脊和横脊。

幼虫体表光滑，头小，体节上多皱，有鲜艳的带或纹，有 2 ～ 4 对肉质突起。主要以萝摩科、夹竹桃科及茄科等有毒植物为食。

悬蛹，呈粗短椭圆状，表面光滑，常有金色或银色斑点。

斑蝶主要分布在热带地区。全世界已知有 12 属 185 种。中国有 6 属 33 种。

（六十五）斑蝶属 *Danaus* Kluk, 1780

全世界记载约 13 种，主要分布于亚洲、美洲、大洋洲、欧洲南部及非洲地区。

263. 君主斑蝶（黑脉金斑蝶）*Danaus plexippus*（Linnaeus，1758）

分布: 中国香港、台湾；东南亚、南欧、北美洲和南美洲。以北美洲为主产地，其他地区的一般为游蝶。本种为美国国蝶，也是世界上最为著名的迁飞蝶种。

正

♂
美国
8cm

反

264. 金斑蝶 *Danaus chrysippus*（Linnaeus，1758）

分布：中国中部至南部地区；亚洲西北到东西部；南欧、非洲及澳大利亚等地。

正 　　　　　♀ 台湾 7cm　　　　　反

正 　　　　　♂ 云南 7.5cm　　　　　反

265. 黑虎斑蝶 *Danaus melanippus*（Cramer，1777）

分布：中国南部、台湾；东南亚至南亚地区。

● 台湾亚种（白虎斑蝶）*Danaus melanippus lotis*（Cramer，1779）

正 　　　　　♀ 台湾 7cm　　　　　反

266. 虎斑蝶（黑脉桦斑蝶）*Danaus genutia*（Cramer，1779）

分布：中国中部至南部地区、台湾；东南亚至南亚、澳大利亚等地。

♀
云南
7cm

正

反

正

反

♂
广东
8cm

（六十六）窗斑蝶属 *Amauris* Hübner, 1816

全世界记载约 19 种，主要分布在非洲地区。

267. 灰白窗斑蝶 *Amauris vashti*（Butler，1869）

分布：尼日利亚、喀麦隆、中非共和国、刚果等地。

♂
中非共和国
8cm

正　　　　　　　　　　反

268. 大白窗斑蝶 *Amauris niavius*（Linnaeus，1758）

分布：非洲中部及南部地区。

♀
中非共和国
9cm

正　　　　　　　　　　反

269. 达摩窗斑蝶 *Amauris damocles*（Fabricius，1793）

分布：非洲中部及西部地区。

♂
中非共和国
6.5cm

正　　　　　　　　　　反

270. 暗窗斑蝶 *Amauris inferna* Butler，1871

分布：喀麦隆、加蓬、几内亚、刚果、乌干达、中非共和国、坦桑尼亚等地。

♂
中非共和国
8cm

正　　　　　　　　　　　　　　　　　反

（六十七）袖斑蝶属 *Lycorea* Doubleday, 1847

全世界记载有 3 种，主要分布在中南美洲。

271. 长袖斑蝶（虎纹袖斑蝶）*Lycorea halia*（Hübner，1816）

分布：秘鲁、巴西及墨西哥等地。

● 帕勒斯亚种 *Lycorea halia pales* C. *et* R. Felder，1862

♀
墨西哥
9cm

正　　　　　　　　　　　　　　　　　反

272. 袖斑蝶 *Lycorea pasinuntia*（Stoll，1780）

分布：哥伦比亚、玻利维亚、巴西、圭亚那、秘鲁等地。

♀
秘鲁
8cm

正　　　　　　　　　　　　　　　　　反

273. 多点袖斑蝶 *Lycorea ilione*（Cramer，1775）

分布：墨西哥、巴西、秘鲁、玻利维亚等地。

● 费耐亚种 *Lycorea ilione phenarete*（Doubleday，1847）

♂
秘鲁
9.5cm

正　　　　　　　　　反

（六十八）青斑蝶属 *Tirumala* Moore, 1880

本属从斑蝶属（*Danaus*）中分出。全世界记载约 10 种，分布于亚洲、非洲和大洋洲。

274. 青斑蝶 *Tirumala limniace*（Cramer，1775）

分布：中国湖北、云南、西藏、广东、台湾、海南等；东南亚和南亚地区。

♀
台湾
10cm

正　　　　　　　　　反

♂
海南
8.5cm

正　　　　　　　　　反

275. 啬青斑蝶 *Tirumala septentrionis*（Bulter，1874）

分布：中国江西、广西、海南、云南、香港、台湾等；缅甸、印度南部和斯里兰卡等地。

正　　　　　♀
云南
10cm　　　　　反

正　　　　　♂
海南
9cm　　　　　反

（六十九）绢斑蝶属 *Parantica* Moore, 1880

全世界记载约 40 种，分布于东亚至南亚、大洋洲巴布亚新几内亚等地。

276. 大绢斑蝶 *Parantica sita*（Kollar，1844）

分布：中国中部至南部、西藏；东亚至南亚地区。

● 指名亚种 *Parantica sita sita*（Kollar，1844）

正　　　　　♂
西藏
9cm　　　　　反

● 台湾亚种 *Parantica sita niphonica*（Moore，1833）

♂
台湾
9cm

正　　　　　　　　反

277. 黑绢斑蝶 *Parantica melaneus*（Cramer，1775）

分布：中国南部地区、西藏、台湾；东南亚、南亚等地。

♂
四川
9cm

正　　　　　　　　反

278. 黄绢斑蝶 *Parantica aspasia*（Fabricius，1787）

分布：东南亚和南亚地区。

♂
印度尼西亚
6cm

正　　　　　　　　反

279. 绢斑蝶 *Parantica aglea*（Stoll，1782）

分布：中国西南至东南部，西藏；东南亚和南亚地区。

● 台湾亚种（姬小纹青斑蝶）*Parantica aglea maghaba*（Frühstorfer，1909）

♂
台湾
10cm

正　　　　　　　　　　　　　　　　反

（七十）旖斑蝶属 *Ideopsis* Horsfield, 1857

全世界记载约9种，主要分布在东南亚、南亚、大洋洲巴布亚新几内亚等地。

280. 珠旖斑蝶 *Ideopsis juventa*（Cramer，1777）

分布：马来西亚、菲律宾、印度尼西亚以及巴布亚新几内亚等地。

♀
台湾
6.5cm

正　　　　　　　　　　　　　　　　反

281. 小木神旖斑蝶 *Ideopsis gaura*（Horsfield，1829）

分布：马来西亚、菲律宾等地。

♀
印度尼西亚
7.5cm

正　　　　　　　　　　　　　　　　反

282. 旖斑蝶 *Ideopsis vulgaris*（Butler，1874）

分布：中国海南、贵州、陕西；东南亚及印度等地。

♀
印度尼西亚
9cm

正　　　　　　　　　　　　　　　　反

283. 黑缘旖斑蝶 *Ideopsis vitrea*（Blanchard，1853）

分布：印度尼西亚苏拉威西岛、摩鹿加群岛及新几内亚等地。

♂
印度尼西亚
10cm

正　　　　　　　　　　　　　　　　反

（七十一）紫斑蝶属 *Euploea* Fabricius, 1807

全世界记载约 66 种，主要分布于东亚至南亚，澳大利亚、巴布亚新几内亚、所罗门群岛。

284. 蓝点紫斑蝶 *Euploea midamus*（Linnaeus，1758）

分布：中国南方诸省；南亚、东南亚地区。

♂
云南
9cm

正　　　　　　　　　　　　　　　　反

285. 异型紫斑蝶（端紫斑蝶）*Euploea mulciber*（Cramer，1776）

分布：中国云南、西藏、台湾等；东南亚和南亚地区。

● 指名亚种 *Euploea mulciber mulciber*（Cramer，1776）

♀
云南
9cm

正　　反

♂
云南
8.5cm

正　　反

● 巴西勒斯亚种 *Euploea mulciber basilissa*（Cramer，1780）

♀
印度尼西亚
9cm

正　　反

♂
印度尼西亚
9cm

正　　反

286. 幻紫斑蝶（柯氏紫斑蝶）*Euploea core*（Cramer，1780）

分布：中国云南、广东、广西、海南、香港等；东亚至南亚地区，澳大利亚。

印度尼西亚
9cm

正　　　　　　　　　　　　　反

♂
海南
8cm

正　　　　　　　　　　　　　反

287. 冷紫斑蝶 *Euploea algea*（Godart，1819）

分布：中国云南；印度尼西亚、泰国、巴布亚新几内亚、澳大利亚等地。

● 苔娜亚种 *Euploea algea diana* Butler，1866

♂
印度尼西亚
7cm

正　　　　　　　　　　　　　反

288. 韦氏紫斑蝶 *Euploea westwoodii* C. *et* R. Felder，1865

分布：印度尼西亚。

● 维奥拉亚种 *Euploea westwoodii viola* Butler，1866

♀
印度尼西亚
11cm

正　　　　　　　　　　　　　　　　反

289. 双标紫斑蝶（斯氏紫斑蝶）*Euploea sylvester* Fabricius，1793

分布：中国广东、海南、台湾；印度尼西亚、马来西亚、印度、缅甸、巴布亚新几内亚、澳大利亚等地。

♂
台湾
10cm

正　　　　　　　　　　　　　　　　反

♂
印度尼西亚
9cm

正　　　　　　　　　　　　　　　　反

290. 白璧紫斑蝶 *Euploea radamanthus*（Fabricius，1793）

分布：中国海南、云南；印度、尼泊尔、泰国、新加坡、印度尼西亚及马来西亚等地。

印度尼西亚
♂
8cm

正　　　　　　反

291. 黑紫斑蝶 *Euploea eunice*（Godart，1819）

分布：中国海南、广东、台湾等；泰国、新加坡、马来西亚、印度尼西亚、菲律宾等地。

印度尼西亚
♀
7cm

正　　　　　　反

印度尼西亚
♂
8cm

正　　　　　　反

292. 默紫斑蝶 *Euploea klugii* Moore，1858

分布：中国海南、云南；印度、斯里兰卡、印度尼西亚、马来西亚等地。

♀
印度尼西亚
7cm

正   反

293. 妒丽紫斑蝶 *Euploea tulliolus*（Fabricius，1793）

分布：中国海南、广东、云南、台湾等；东南亚及澳大利亚等地。

● 海南亚种 *Euploea tulliolus hainana* Holland，1887

♀
云南
8cm

正   反

● 台湾亚种 *Euploea tulliolus koxinga* Fruhstorfer，1908

♀
台湾
8cm

正   反

（七十二）帛斑蝶属 *Idea* Fabricius, 1807

全世界记载约 13 种，分布于东亚至南亚、大洋洲巴布亚新几内亚等地。

294. 帛斑蝶 *Idea idea*（Linnaeus，1763）

分布：印度尼西亚的摩鹿加群岛、苏拉群岛等地。

正　　　　　　　　♀
印度尼西亚
10cm
　　　　　　反

295. 大帛斑蝶 *Idea leuconoe*（Erichson，1834）

分布：中国台湾；日本、马来半岛、印度尼西亚、菲律宾等地。

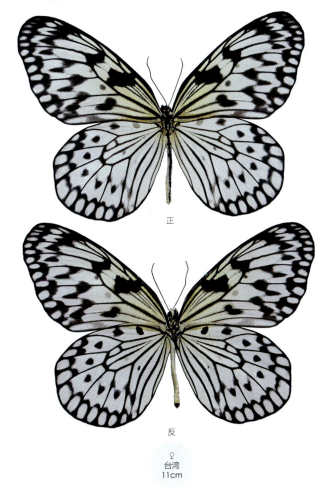

正

反

♀
台湾
11cm

296. 纯帛斑蝶 *Idea blanchardii* Marchal，1845

分布：印度尼西亚苏拉威西岛、桑义赫群岛、邦加岛、布敦岛等地。

♀
印度尼西亚
12cm

正　　　　　　　　　反

正　　　　　　　　　反

♂
印度尼西亚
10cm

297. 黑脉帛斑蝶 *Idea durvillei* Boisduval，1832

分布：新几内亚、印度尼西亚摩鹿加群岛、阿鲁岛等地。

● 凯岛亚种 *Idea durvillei keyensis*（Frühstorfer，1899）

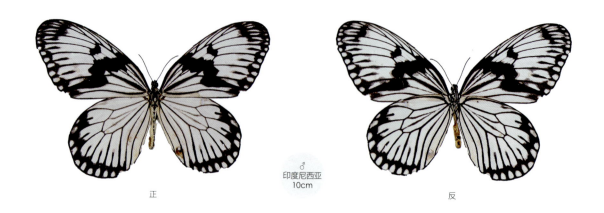

♂
印度尼西亚
10cm

正　　　　　　　　　反

七、绡蝶科　Ithomiidae

　　本科因蝶翅透明，又名透翅蝶科。亲缘关系接近于斑蝶科，国外的一些学者主张将其作为斑蝶科中的一个亚科或一个族。

　　绡蝶的体形小至中型。身体纤瘦。触角细长，端部略加粗。翅狭长，完全透明，稀有鳞片，翅色大多鲜艳而明快。后翅的中室闭式，雄蝶后翅有长毛撮。

　　绡蝶多数生活在林区，一些翅透明的种类生活在开阔地带，常在城市出现，飞翔缓慢。该科种类也和斑蝶一样以恶臭的体液保护自己。因幼虫啃食了有毒的植物成虫体内也含有毒素。有些种类外形上近似袖蝶，给鉴定带来相当的困惑。

　　卵多呈长球形，一般白色或浅色，表面粗糙，有不规则的纵脊或雕纹，多散生在叶片上。

　　幼虫光滑，呈淡绿色、黑白等颜色，饰有醒目的色环。多数以茄科植物为食，少数以夹竹桃科植物为食。

　　悬蛹，体粗壮而弯曲，以丝垫倒悬于枝杆上。

　　绡蝶是一个小科，主要分布在美洲，少数分布在印度尼西亚东部和大洋洲。全世界记载有 47 属、353 种左右。

（七十三）鲛绡蝶属　*Godyris* Boisduval, 1870

全世界记载有 9 种，主要分布在中南美洲。

298. 杜鲛绡蝶　*Godyris duillia*（Hewitson，1854）

分布：哥伦比亚、玻利维亚、厄瓜多尔、委内瑞拉等地。

♀
秘鲁
7cm

正　　　　　　　　　　　　　　　　　反

（七十四）亮绡蝶属　*Hypoleria* Godman *et* Salvin, 1879

全世界记载约 20 种，主要分布在南美洲，少数种类向北分布到墨西哥和美国南部地区。

299. 拉维尼亚亮绡蝶 *Hypoleria lavinia*（Hewitson，1855）

分布：巴西亚马孙河上游和秘鲁等地。

● 克莱斯亚种 *Hypoleria lavinia chrysodonia*（Bates，1862）

正　　　　　♀
秘鲁
5cm　　　　　反

（七十五）绡蝶属 *Ithomia* Hübner, 1816

全世界记载有 23 种，主要分布在南美洲，少数种类向北分布到美国。

300. 拉古绡蝶 *Ithomia lagusa* Hewitson，1856

分布：哥伦比亚至秘鲁。

● 佩鲁娜亚种 *Ithomia lagusa peruana* Salvin，1869

正　　　　　♀
秘鲁
7cm　　　　　反

（七十六）闪绡蝶属 *Hypothyris* Hübner, 1821

全世界记载约 23 种，主要分布在南美洲，少数种分布至墨西哥。

301. 福闪绡蝶 *Hypothyris fluonia*（Hewitson，1854）

分布：巴西、哥伦比亚、秘鲁、苏里南、厄瓜多尔、玻利维亚、委内瑞拉等地。

● 罗威娜亚种 *Hypothyris fluonia rowena*（Hewitson，1857）

正　　　　　♂
秘鲁
5cm　　　　　反

八、眼蝶科 Satyridae

本科由蛱蝶科分出。多数种类体形小至中型。头小，体躯细瘦。前足退化，折在胸下不能行走，其中雄性只有一跗节，雌性4至5跗节，爪完全退化。翅色暗淡，通常呈灰褐色、黑褐色或黄褐色，少数种类呈红色或白色，翅上有较醒目的眼状斑或圆纹；有些分布于南美洲的种类翅呈透明状；前翅翅脉基部加粗，甚至膨大。多数种类雌雄异型或有季节性变异现象。

眼蝶大多生活在高山地区的林荫或竹丛中，少数种类分布在平原开阔地带。喜在早、晚或阴天时活动，很少在强光下飞翔，无访花习性。飞行时多呈波浪形，飞行能力相对较弱。

卵呈球形或近半球形，表面有多角形的雕纹或脊线。散产在寄主植物上。

幼虫呈纺锤形，体表有毛。头部二叉状或延伸成角状突起。腹部末端有分叉的尾状毛。多数取食禾本植物，有的是水稻的重要害虫；少数种类还取食蕨类植物。

多数为悬蛹，体表光滑，粗壮。少数为茧蛹，躲藏在土中、草根间或石块下化蛹。

眼蝶世界各地均有分布。已知有282属3000多种。中国有54属395种左右。

（七十七）暮眼蝶属 *Melanitis* Fabricius, 1807

全世界记载约13种，多分布于古北区和东洋区。

302. 稻暮眼蝶 *Melanitis leda*（Linnaeus，1758）

分布：中国黄河流域及以南地区，海南及台湾；东南亚、非洲热带区及澳大利亚。

正

反

♀
广东
6.5cm

303. 睇暮眼蝶（森林暮眼蝶）*Melanitis phedima*（Cramer，1780）

分布：中国南部；东南亚地区。

● 台湾亚种 *Melanitis phedima polishana* Fruhstorfer，1908

正　　♀ 台湾 8cm　　反

（七十八）黛眼蝶属 *Lethe* Hübner, 1819

全世界记载约 114 种，主要分布于古北区和东洋区。

304. 黛眼蝶 *Lethe dura*（Marshall，1882）

分布：中国陕西、湖北、浙江、江西、四川、台湾等地；东南亚地区。

● 马边亚种 *Lethe dura moupinensis*（Poujade，1884）

正　　♀ 江西 6cm　　反

● 新侨亚种 *Lethe dura neoclides*（Fruhstorfer，1909）

正　　♂ 台湾 6cm　　反

305. 长纹黛眼蝶 *Lethe europa*（Fabricius，1775）

分布：中国南部地区、西藏及台湾；东亚至南亚地区。

♂
西藏
6cm

正　　　　　　　　　　　　　　　反

306. 白带黛眼蝶 *Lethe confusa* Aurivillius，1897

分布：中国的南部和西南部；东亚至南亚地区。

● 中泰亚种 *Lethe confusa apara*（Fruhstorfer，1911）

♀
贵州
5cm

正　　　　　　　　　　　　　　　反

307. 玉带黛眼蝶 *Lethe verma* Kollar，1844

分布：中国华东、华南、华西及台湾；印度、中南半岛、越南等地。

♂
江西
5cm

正　　　　　　　　　　　　　　　反

308. 连纹黛眼蝶 *Lethe syrcis*（Hewsitson，1863）

分布：中国黑龙江、四川、江西、江苏、广西；越南等地。

♂
江苏
6cm

正　　　　　　　　　　　　　　　　　　反

309. 马太黛眼蝶 *Lethe mataja* Fruhstorfer，1908

分布：台湾，为台湾特有种。

♂
台湾
7cm

正　　　　　　　　　　　　　　　　　　反

310. 棕褐黛眼蝶 *Lethe christophi*（Leech，1891）

分布：中国湖北、江西、浙江、福建、台湾；缅甸北部地区。

● 台湾亚种 *Lethe christophi hanako* Fruhstorfer，1908

♀
台湾
8cm

正　　　　　　　　　　　　　　　　　　反

（七十九）荫眼蝶属 *Neope* Moore, 1866

全世界记载约 20 种，主要分布在亚洲。

311. 黄斑荫眼蝶 *Neope pulaha*（Moore，1858）

分布：中国中西部地区、浙江、江西及台湾；不丹、印度、缅甸、尼泊尔等地。

♀
四川
6cm

正　　　　　　　　　反

312. 布莱荫眼蝶 *Neope bremeri*（C. *et* R. Felder，1862）

分布：中国广东、浙江、四川、台湾等地。

♀
浙江
6cm

正　　　　　　　　　反

313. 拟网纹荫眼蝶 *Neope simulans* Leech，1891

分布：中国四川、贵州等地。

♂
西藏
5.5cm

正　　　　　　　　　反

314. 田园荫眼蝶 *Neope agrestis*（Oberthür，1876）

分布：中国四川、云南、西藏等地。

♀
西藏
5cm

正　　　　　　反

315. 蒙链荫眼蝶 *Neope muirheadi*（C. *et* R. Felder，1862）

分布：中国中部及南部地区，台湾。

♀
河南
6.5cm

正　　　　　　反

♂
云南
6cm

正　　　　　　反

（八十）奥眼蝶属 *Orsotriaena* Wallengren, 1858

全世界记载有 2 种，均分布于东洋区。

316. 奥眼蝶 *Orsotriaena medus*（Fabricius，1775）

分布：中国南方地区；东南亚、南亚和澳大利亚。

♂
云南
4cm

正　　　　　　　　　　　　　　　反

（八十一）眉眼蝶属 *Mycalesis* Hübner, 1818

全世界记载约 103 种，主要分布在亚洲和大洋洲。

317. 小眉眼蝶 *Mycalesis mineus*（Linnaeus，1758）

分布：中国中部及南部地区、台湾；斯里兰卡、印度半岛、缅甸等地。

♂
广东
4.5cm

正　　　　　　　　　　　　　　　反

318. 僧袈眉眼蝶 *Mycalesis sangaica* Butler，1877

分布：中国中部和南部地区、台湾；蒙古等地。

♂
江苏
4cm

正　　　　　　　　　　　　　　　反

（八十二）白眼蝶属 *Melanargia* Meigen, 1828

全世界记载约 21 种，分布于亚洲、欧洲和北非地区。

319. 亚洲白眼蝶 *Melanargia asiatica*（Oberthür *et* Houlbert，1922）

分布：中国江苏、陕西、吉林；蒙古、西伯利亚南部地区。

正　　　　♀ 江苏 5.5cm　　　　反

320. 华西白眼蝶 *Melanargia leda* Leech，1891

分布：中国云南、西藏等地。

正　　　　♀ 西藏 4.5cm　　　　反

（八十三）丽眼蝶属 *Mandarinia*（Leech, 1892）

全世界记载有 2 种，主要分布在东亚及东南亚地区。

321. 蓝斑丽眼蝶 *Mandarinia regalis*（Leech，1889）

分布：中国长江流域及以南地区；缅甸、越南等地。

正　　　　♂ 四川 5.5cm　　　　反

（八十四）带眼蝶属 *Chonala* Moore, 1893

全世界记载有 3 种，分布于中国、印度、不丹等地。

322. 棕带眼蝶 *Chonala praeusta*（Leech，1890）

分布：中国云南、四川、西藏等地。

♂
西藏
5cm

正　　　　　　　　　　　　　　　　　　反

（八十五）藏眼蝶属 *Tatinga* Moore, 1893

全世界记载仅 1 种，分布于中国。

323. 藏眼蝶 *Tatinga thibetanus*（Oberthür，1876）

分布：中国黄河流域及西藏等地。

♂
西藏
5.5cm

正　　　　　　　　　　　　　　　　　　反

（八十六）斑眼蝶属 *Penthema* Doubleday, 1848

全世界记载有 5 种，主要分布在南亚、东南亚地区。

324. 白斑眼蝶 *Penthema adelma*（C. *et* R. Felder，1862）

分布：中国中部、南部及台湾地区等。

♂
四川
9cm

正　　　　　　　　　　　　　　　　反

325. 彩裳斑眼蝶 *Penthema darlisa* Moore，1879

分布：从喜马拉雅山脉至东南亚；中国见于云南、广东等地。

● 苍白亚种 *Penthema darlisa pallida* Li，1994

正

♀
云南
11cm

反

326．台湾斑眼蝶 *Penthema formosanum*（Rothschild，1898）

分布：中国福建及台湾。

正　　　　　　　　　　反

♀
台湾
10cm

（八十七）粉眼蝶属 *Callarge* Leech, 1892

全世界记载有 2 种，分布于中国。

327．粉眼蝶（箭纹粉眼蝶） *Callarge sagitta*（Leech，1890）

分布：中国陕西、四川、湖北、湖南、安徽等地。

正　　　　　　　　　　反

♂
四川
7.5cm

（八十八）凤眼蝶属　*Neorina* Westood, 1850

全世界记载有 5 种，分布在南亚、东南亚地区，中国南部有产。

328．凤眼蝶　*Neorina patria* Leech，1891

分布：中国江西、四川、云南、广西；印度、缅甸、泰国、老挝、越南等地。

♂
四川
7.5cm

正　　　　　　　　　　　　　　　　反

（八十九）锯眼蝶属　*Elymnias* Hübner, 1818

全世界记载约 46 种，分布于亚洲、大洋洲和非洲地区。

329．龙女锯眼蝶　*Elymnias nesaea*（Linnaeus，1764）

分布：中国湖北、云南；印度、老挝、缅甸、马来半岛、爪哇等地。

♀
马来西亚
6cm

正　　　　　　　　　　　　　　　　反

♂
云南
7cm

正　　　　　　　　　　　　　　　　反

330.翠袖锯眼蝶 *Elymnias hypermnestra*（Linnaeus，1763）

分布：中国湖北、海南、广西、台湾；南亚和东南亚地区。

♂
马来西亚
6cm

正　　　　　　　　　　　反

331.卡西锯眼蝶 *Elymnias casiphone* Geyer，1827

分布：东南亚地区。

♂
马来西亚
6cm

正　　　　　　　　　　　反

（九十）锯纹眼蝶属 *Elymniopsis* Fruhstorfer, 1907

本属从锯眼蝶属中分出，全世界记载仅1种，分布于中非地区。

332.锯纹眼蝶（横波锯眼蝶） *Elymniopsis bammakoo*（Westwood，1851）

分布：中非地区。

♂
中非共和国
6.5cm

正　　　　　　　　　　　反

（九十一）晶眼蝶属 *Haetera* Fabricius, 1807

全世界记载有 2 种，分布于中南美洲。

333. 黄晶眼蝶 *Haetera piera*（Linnaeus，1758）

分布：秘鲁、厄瓜多尔、巴西等地。

● 内格拉亚种 *Haetera piera negra* C. *et* R. Felder，1862

正

反

♀
秘鲁
8cm

334. 晶眼蝶（未定种）*Haetera* sp.

分布：秘鲁、巴西等地。

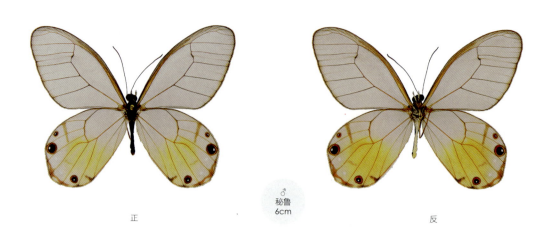

正

♂
秘鲁
6cm

反

（九十二）绡眼蝶属 *Cithaerias* Hübner, 1819

全世界记载约 16 种，分布在南美洲及中美洲地区。

335. 红晕绡眼蝶 *Cithaerias pireta*（Stoll，1780）

分布：玻利维亚、巴西、厄瓜多尔、秘鲁等地。

● 奥罗里娜亚种 *Cithaerias pireta aurorina*（Weymer，1910）

正　　　　　♀
秘鲁
5.5cm　　　　　反

正　　　　　♂
秘鲁
5cm　　　　　反

（九十三）柔眼蝶属 *Pierella* Herrich-Schäffer, 1865

全世界记载约 22 种，主要分布在南美洲、中美洲及北美洲南部地区。

336. 阿玛柔眼蝶 *Pierella amalia* Weymer，1885

分布：秘鲁。

正　　　　　♂
秘鲁
7cm　　　　　反

337. 银斑柔眼蝶 *Pierella lucia* Weymer，1885

分布：秘鲁。

正　　　　　　　　　　♂秘鲁 6cm　　　　　　　　　　反

（九十四）蛇眼蝶属 *Minois* Hübner, 1819

全世界记载有 5 种，分布在亚洲和欧洲地区。

338. 蛇眼蝶 *Minois dryas*（Scopoli，1763）

分布：中国大部分省区；哈萨克斯坦、俄罗斯、韩国、日本等地。

正　　　　　　　　　　♀江苏 6.5cm　　　　　　　　　　反

正　　　　　　　　　　♂江苏 5cm　　　　　　　　　　反

339. 永泽蛇眼蝶 *Minois nagasawae*（Matsumura，1906）

分布：台湾。

♀
台湾
7cm

正　　　　　　　　　　　　　　　反

（九十五）仁眼蝶属 *Hipparchia* Fabricius, 1807

全世界记载约 28 种，分布于亚洲、欧洲和北非地区。

340. 仁眼蝶 *Hipparchia autonoe*（Esper，1783）

分布：中国陕西、山西、甘肃；俄罗斯、韩国等地。

♂
黑龙江
5.5cm

正　　　　　　　　　　　　　　　反

（九十六）林眼蝶属 *Aulocera* Butler, 1867

全世界记载约 14 种，均分布于古北区。

341. 细眉林眼蝶 *Aulocera merlina* Oberthür，1890

分布：中国四川、陕西、云南、西藏等地。

♂
四川
6.5cm

正　　　　　　　　　　　　　　　反

（九十七）棘眼蝶属 *Taygetis* Hübner, 1819

全世界记载约 28 种，分布于中南美洲。

342. 艳后眼蝶 *Taygetis cleopatra* C. *et* R. Felder，1867

分布：秘鲁、法属圭亚那等地。

正

反

♂
秘鲁
7cm

（九十八）矍眼蝶属 *Ypthima* Hübner, 1818

全世界记载约 145 种，分布于亚洲、非洲、大洋洲的广大地区。

343. 密纹矍眼蝶 *Ypthima multistriata* Butler，1883

分布：中国台湾及日本。

正

反

♂
四川
4cm

344. 东亚矍眼蝶 *Ypthima motschulskyi*（Bremer *et* Grey，1852）

分布：东亚地区，朝鲜、澳大利亚等地。

♀
江苏
3cm

正　　　　　　　反

345. 江崎矍眼蝶 *Ypthima esakii* Shirôzu，1960

分布：中国台湾。

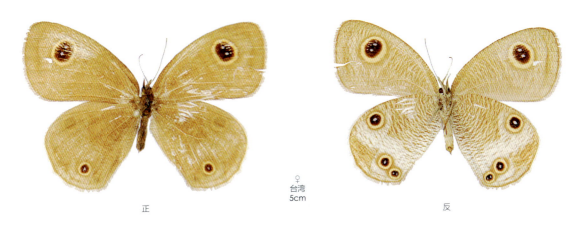

♀
台湾
5cm

正　　　　　　　反

346. 台湾矍眼蝶 *Ypthima formosana* Fruhstorfer，1908

分布：中国台湾。

♀
台湾
5.5cm

正　　　　　　　反

347. 斐矍眼蝶（台湾小波纹蛇目蝶）*Ypthima akraga* Fruhstorfer，1911

分布：中国台湾。

正　　　　　　♂台湾 3cm　　　　　　反

348. 矍眼蝶 *Ypthima baldus*（Fabricius，1775）

分布：东南亚、南亚地区；中国广为分布。

正　　　　　　♂云南 3.5cm　　　　　　反

349. 三星矍眼蝶 *Ypthima asterope*（Klug，1832）

分布：中国南方地区；亚洲、非洲。

正　　　　　　♂云南 4cm　　　　　　反

（九十九）艳眼蝶属 *Callerebia* Butler, 1867

全世界记载约 28 种，分布于古北区。

350. 大艳眼蝶 *Callerebia suroia* Tytler，1914

分布：中国浙江、云南、四川；缅甸、越南等地。

正

♂
四川
6cm

反

（一○○）牛眼蝶属 *Oxeoschistus* Butler, 1867

全世界记载有 8 种，分布于中南美洲。

351. 银斑牛眼蝶 *Oxeoschistus pronax*（Hewitson，1860）

分布：秘鲁、玻利维亚、厄瓜多尔等地。

正

♂
秘鲁
5.5cm

反

九、蛱蝶科 Nymphalidae

蛱蝶科是蝶类家族中最大的科。体形多为大中型。复眼裸出或有毛，下唇须粗壮。触角较长，端部锤状或棍棒状明显。前足极其退化，萎缩短小，缩在胸下。不同的种类翅形、翅色、斑纹变化较大，少数种类有性二型，雌雄区别非常明显，有些种类有季节性变异，有的还模拟成斑蝶状。

蛱蝶在行为习性上各不相同。大多喜在阳光下活动，飞翔迅速，行动活泼。有些种类停息时还在不停地扇翅。多数有访花习性，有的种类刺吸成熟的果汁、流出的树液，也有吸食动物排泄物的。有些种类还具有迁飞习性。

卵散产或成堆，其大小、形状和颜色不尽相同，一些种类会给卵覆上一层防护层。

幼虫形态多样，头部常有突起，体背通常有成列的棘刺。主要取食堇菜科、忍冬科、桑科、榆科等植物，一些种类对林木和经济作物有较大的危害。

悬蛹，颜色上变化较大，有些种类有金属光泽。头常分叉，体背有不同的突起。

蛱蝶在世界各地均有分布，目前已知有 600 多属 6000 余种。中国有 87 属 395 种左右。

（一〇一）螯蛱蝶属 *Charaxes* Ochsenheimer，1816

全世界记载约 198 种，主要分布在亚洲东南部至南部、美拉尼西亚到澳大利亚、非洲及欧洲地区。

352. 翠螯蛱蝶 *Charaxes eupale*（Drury，1782）

分布：非洲中部地区。

♂
中非共和国
5cm

正   反

353. 淡绿螯蛱蝶 *Charaxes subornatus* Schultze，1914

分布：非洲中部地区。

♂
中非共和国
5.5cm

正   反

354. 老螯蛱蝶 *Charaxes lycurgus*（Fabricius，1793）

分布：非洲中部地区。

正　　　　　　　　　　　反

♂
中非共和国
6cm

355. 红螯蛱蝶 *Charaxes zingha*（Stoll，1780）

分布：非洲中部地区。

正　　　　　　　　　　　反

♂
中非共和国
6.5cm

356. 帕螯蛱蝶 *Charaxes paphianus* Ward，1871

分布：非洲中部内陆地区。

正　　　　　　♂
中非共和国
4cm
　　　　　　反

357. 白带螯蛱蝶 *Charaxes bernardus*（Fabricius，1793）

分布：中国东南部、云南、四川、香港；东南亚各国及澳大利亚。

● 华西亚种 *Charaxes bernardus hierax*（C. *et* R. Felder，1867）

正　　　　　　♀
四川
7.5cm
　　　　　　反

正　　　　　　♂
四川
7cm
　　　　　　反

358. 白螯蛱蝶 *Charaxes nobilis* Druce，1873

分布：非洲中南部地区。

♂
中非共和国
8cm

正　　　　　　　　　　　　反

359. 笑螯蛱蝶 *Charaxes tiridates* Cramer，1777

分布：非洲中部地区。

♂
中非共和国
8.5cm

正　　　　　　　　　　　　反

360. 粉带螯蛱蝶 *Charaxes cynthia* Butler，1866

分布：非洲中南部地区。

♂
中非共和国
6.5cm

正　　　　　　　　　　　　反

361. 王螯蛱蝶 *Charaxes imperialis* Butler，1874

分布：非洲中部地区。

中非共和国
6cm

正　　　　　　　　　反

362. 蓝带螯蛱蝶 *Charaxes ameliae* Doumet，1861

分布：非洲中南部地区。

中非共和国
8cm

正　　　　　　　　　反

363. 玉牙螯蛱蝶 *Charaxes castor*（Cramer，1775）

分布：非洲中部和南部地区。

中非共和国
8cm

正　　　　　　　　　反

354.　老螯蛱蝶 *Charaxes lycurgus*（Fabricius，1793）

分布：非洲中部地区。

正　　　　　　　　　　　　　反

♂
中非共和国
6cm

355.　红螯蛱蝶 *Charaxes zingha*（Stoll，1780）

分布：非洲中部地区。

正　　　　　　　　　　　　　反

♂
中非共和国
6.5cm

356. 帕螯蛱蝶 *Charaxes paphianus* Ward，1871

分布：非洲中部内陆地区。

♂
中非共和国
4cm

正　　　　　　　　　　反

357. 白带螯蛱蝶 *Charaxes bernardus*（Fabricius，1793）

分布：中国东南部、云南、四川、香港；东南亚各国及澳大利亚。

● 华西亚种 *Charaxes bernardus hierax*（C. *et* R. Felder，1867）

♀
四川
7.5cm

正　　　　　　　　　　反

♂
四川
7cm

正　　　　　　　　　　反

358. 白螯蛱蝶　*Charaxes nobilis* Druce，1873

分布：非洲中南部地区。

正　　　　　　♂ 中非共和国 8cm　　　　　　反

359. 笑螯蛱蝶　*Charaxes tiridates* Cramer，1777

分布：非洲中部地区。

正　　　　　　♂ 中非共和国 8.5cm　　　　　　反

360. 粉带螯蛱蝶　*Charaxes cynthia* Butler，1866

分布：非洲中南部地区。

正　　　　　　♂ 中非共和国 6.5cm　　　　　　反

361. 王螯蛱蝶 *Charaxes imperialis* Butler，1874

分布：非洲中部地区。

正   反

♂
中非共和国
6cm

362. 蓝带螯蛱蝶 *Charaxes ameliae* Doumet，1861

分布：非洲中南部地区。

正   反

♂
中非共和国
8cm

363. 玉牙螯蛱蝶 *Charaxes castor*（Cramer，1775）

分布：非洲中部和南部地区。

正   反

♂
中非共和国
8cm

364．丫带螯蛱蝶 *Charaxes achaemenes* C. *et* R. Felder，1867

分布：非洲中部和东南部地区。

♂
中非共和国
6.5cm

正　　　　　　反

365．绿宝石螯蛱蝶 *Charaxes smaragdalis* Butler，1866

分布：非洲中南部地区。

♂
中非共和国
7.5cm

正　　　　　　反

366．双点螯蛱蝶 *Charaxes bipunctatus* Rothschild，1894

分布：非洲中部地区。

♂
中非共和国
8cm

正　　　　　　反

367. 黄缘螯蛱蝶 *Charaxes jasius*（Linnaeus，1767）

分布：非洲中部、南部和欧洲西南部地区。

♂
中非共和国
6cm

正　　　　　　　　　　　　反

368. 璐螯蛱蝶 *Charaxes lucretius* Cramer，1775

分布：非洲中部地区。

♂
中非共和国
6cm

正　　　　　　　　　　　　反

369. 优螯蛱蝶 *Charaxes eudoxus*（Drury，1782）

分布：非洲中南部地区。

♂
中非共和国
7cm

正　　　　　　　　　　　　反

370．拟似螯蛱蝶 *Charaxes affinis*（Butler，1866）

分布：印度尼西亚、马来西亚等地。

♂
马来西亚
8cm

正　　　　　　　　反

371．雷东螯蛱蝶 *Charaxes latona* Butler，1866

分布：印度尼西亚至澳大利亚北部诸岛。

♂
马来西亚
7cm

正　　　　　　　　反

372．宽带螯蛱蝶（布鲁螯蛱蝶）*Charaxes brutus*（Cramer，1779）

分布：非洲中部和南部地区。

♂
中非共和国
9cm

正　　　　　　　　反

（一〇二）尾蛱蝶属 *Polyura* Billberg, 1820

全世界记载约 27 种，主要分布在古北区、东洋区至澳洲区。

373. 窄斑凤尾蛱蝶 *Polyura athamas*（Drury，1773）

分布：中国南方地区；缅甸、泰国、马来西亚等地。

♀
印度尼西亚
7cm

正　　　　反

374. 二尾蛱蝶（淡绿双尾蛱蝶）*Polyura narcaea*（Hewitson，1854）

分布：中国中部、南部及台湾；越南、印度等地。

♂
四川
6.5cm

正　　　　反

375. 大二尾蛱蝶 *Polyura eudamippus*（Doubleday，1843）

分布：中国中部、南部及台湾；东南亚地区。

● 指名亚种 *Polyura eudamippus eudamippus*（Doubleday，1843）

♂
马来西亚
9cm

正　　　　反

● 川湘亚种 *Polyura eudamippus rothschildi*（Leech，1893）

♂
四川
9cm

正　　　　　　　　　　　　反

376. 针尾蛱蝶 *Polyura dolon*（Westwood，1847）

分布：中国西南部；马来西亚、泰国、缅甸、尼泊尔、不丹、印度东北部地区。

♂
马来西亚
9.5cm

正　　　　　　　　　　　　反

（一○三）缺翅蛱蝶属 *Zaretis* Hübner, 1819

全世界记载约 5 种，主要分布在南美洲与中美洲地区。

377. 伊斯缺翅蛱蝶 *Zaretis isidora*（Cramer，1779）

分布：哥斯达黎加、哥伦比亚、厄瓜多尔和巴西等地。

♂
巴西
6cm

正　　　　　　　　　　　　反

（一〇四）尖蛱蝶属 *Memphis* Hübner，1819

全世界记载约 61 种，主要分布在墨西哥南部、中美洲及南美洲。

378. 亮安尖蛱蝶 *Memphis arginussa*（Geyer，1832）

分布：中美洲和南美洲西北部地区。

正　　　♂ 秘鲁 5.5cm　　　反

379. 垂珠尖蛱蝶 *Memphis appias*（Hübner，1825）

分布：南美洲。

正　　　♂ 秘鲁 5cm　　　反

380. 蛛尖蛱蝶 *Memphis arachne*（Cramer，1775）

分布：哥伦比亚、巴西、秘鲁等地。

正　　　♂ 秘鲁 5cm　　　反

（一〇五）扶蛱蝶属 *Fountainea* Rydon, 1971

全世界记载约 8 种，主要分布于墨西哥南部、中美洲至南美洲。

381. 红扶蛱蝶 *Fountainea ryphea*（Cramer，1775）

分布：南美洲。

♂
秘鲁
5cm

正　　　　　反

（一〇六）鹨蛱蝶属 *Consul* Hübner, 1807

全世界记载约 4 种，主要分布于中美洲和南美洲北部地区。

382. 鹨蛱蝶 *Consul fabius*（Cramer，1776）

分布：中美洲和南美洲北部地区。

正　　　　　反

♀
秘鲁
8cm

（一○七）翅蛱蝶属 *Hypna* Hübner, 1819

全世界记载仅 1 种，分布在中美洲和南美洲。

383．斜带翅蛱蝶 *Hypna clytemnestra*（Cramer，1777）

分布：中美洲和南美洲。

♂
秘鲁
7.5cm

正　　　　　　　　　　　　　　　　反

（一○八）草蛱蝶属 *Palla* Hübner, 1819

全世界记载有 4 种，主要分布在非洲中部地区。

384．绒草蛱蝶 *Palla publius* Staudinger，1892

分布：非洲中部地区。

♂
中非共和国
7cm

正　　　　　　　　　　　　　　　　反

385. 黄草蛱蝶 *Palla ussheri*（Butler，1870）

分布：非洲中部地区，尤多见于刚果共和国。

♂
中非共和国
7cm

正　　　　　　　反

（一〇九）靴蛱蝶属 *Prepona* Boisduval, 1836

全世界记载约 7 种，主要分布于北美洲南部至中美洲和南美洲北部地区。

386. 蓝黑靴蛱蝶（蓝带蛱蝶）*Prepona laertes*（Hübner，1811）

分布：中美洲和南美洲。

正

♂
秘鲁
9.5cm

反　馆藏名蝶的分类与鉴赏

（一一〇）彩袄蛱蝶属 *Agrias* Doubleday, 1845

全世界记载约 5 种，主要分布在中美洲和南美洲。

387. 玫瑰彩袄蛱蝶 *Agrias claudina*（Godart，1824）

分布：委内瑞拉、圭亚那到玻利维亚、厄瓜多尔、巴西和秘鲁等地。

正　　　　　　　♂
南美洲
8cm　　　　　　反

（一一一）圆蛱蝶属 *Euxanthe* Hübner, 1819

全世界记载约 6 种，主要分布于撒哈拉以南的非洲地区。

388. 圆蛱蝶 *Euxanthe crossleyi*（Ward，1871）

分布：尼日利亚、喀麦隆、加蓬、刚果、中非共和国、苏丹、乌干达等地。

正　　　　　　　♂
中非共和国
9cm　　　　　　反

389．白斑圆蛱蝶 *Euxanthe eurinome*（Cramer，1775）

分布：几内亚、利比里亚、赤道几内亚、喀麦隆、中非共和国、埃塞俄比亚等地。

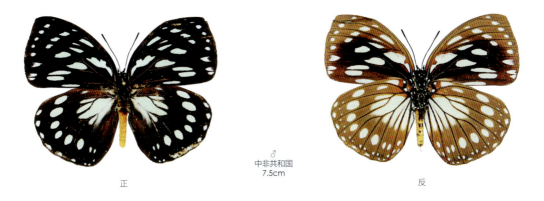

♂
中非共和国
7.5cm

正　　　　　　　　反

390．珠润圆蛱蝶 *Euxanthe trajanus*（Ward，1871）

分布：尼日利亚、喀麦隆、赤道几内亚、加蓬、刚果、安哥拉、中非共和国、乌干达等地。

♂
中非共和国
9.5cm

正　　　　　　　　反

（一一二）闪蛱蝶属 *Apatura* Fabricius, 1807

全世界记载有 16 种，主要分布在亚洲西北部和东部、喜马拉雅山地区、欧洲及非洲北部。

391．紫闪蛱蝶 *Apatura iris*（Linnaeus，1758）

分布：中国中部、西部、东北地区；朝鲜、日本至欧洲中部。

● 四川亚种 *Apatura iris xanthina* Oberthür，1909

♀
四川
6.5cm

正　　　　　　　　反

392. 柳紫闪蛱蝶 *Apatura ilia*（Denis *et* Schiffermuller，1775）

分布：中国大部分地区；亚洲和欧洲大部。

正　　　　　　　　　　♀
江苏
5.5cm
　　　　　　反

（一一三）迷蛱蝶属 *Mimathyma* Moore, 1896

全世界记载有 4 种，主要分布在亚洲东部和南部地区。

393. 白斑迷蛱蝶 *Mimathyma schrenckii*（Ménétriès，1858）

分布：中国中部、华北和东北等地；朝鲜半岛和俄罗斯东部地区。

正　　　　　　　　　　♀
四川
8cm
　　　　　　反

394. 迷蛱蝶 *Minmathyma chevana*（Moore，1865）

分布：中国中部至南部地区。

正　　　　　　　　　　♂
四川
6.5cm
　　　　　　反

（一一四）铠蛱蝶属　*Chitoria* Moore, 1896

全世界记载有 6 种，主要分布在东南亚地区。

395. 武铠蛱蝶　*Chitoria ulupi*（Doherty，1889）

分布：中国辽宁、浙江、福建、江西、四川、云南、西藏、台湾；朝鲜、印度等地。

♀
云南
8.5cm

正　　　反

♂
云南
6.5cm

正　　　反

（一一五）猫蛱蝶属　*Timelaea* Lucas, 1883

全世界记载有 5 种，主要分布在亚洲古北区和东洋区。

396. 猫蛱蝶　*Timelaea maculata*（Bremer *et* Grey，1852）

分布：中国东部及中西部地区。

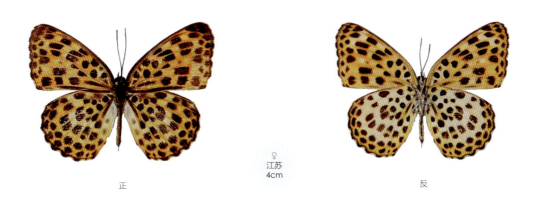

♀
江苏
4cm

正　　　反

（一一六）帅蛱蝶属 *Sephisa* Moore, 1882

全世界记载有 4 种，主要分布在东南亚和印度等地。

397. 帅蛱蝶 *Sephisa chandra*（Moore，1858）

分布：中国南部地区及台湾；印度、缅甸、泰国等地。

正　　　　　♂ 云南 6.5cm　　　　　反

398. 黄帅蛱蝶 *Sephisa princeps*（Fixsen，1887）

分布：中国黑龙江、浙江、福建及中西部地区。

正　　　　　♂ 甘肃 6cm　　　　　反

（一一七）白蛱蝶属 *Helcyra* Felder, 1860

全世界记载约 6 种，主要分布在中国中部、东部和台湾；印度、印度尼西亚等地。

399. 傲白蛱蝶 *Helcyra superba* Leech，1890

分布：中国的中东部地区、台湾；越南等地。

正　　　　　♂ 江苏 7cm　　　　　反

（一一八）脉蛱蝶属 *Hestina* Westwood, 1850

全世界记载约 13 种，主要分布在亚洲中西部、东南和东部地区。

400. 黑脉蛱蝶 *Hestina assimilis*（Linnaeus，1758）

分布：中国大部分地区、台湾；日本、朝鲜等地。

♂
香港
8cm

正　　　　　　　　　　　　反

401. 绿脉蛱蝶 *Hestina mena* Moore，1858

分布：中国江苏、湖南、陕西、四川、福建等；缅甸。

正　　　　　　　　　　　　反

♀
江苏
8cm

402. 拟斑脉蛱蝶 *Hestina persimilis* Westwood，1850

分布：中国华北、华中、华南及台湾；日本、朝鲜、印度等地。

♂
四川
6cm

正　　　　　　　　　　　　　　反

403. 蒺藜纹脉蛱蝶 *Hestina nama*（Doubleday，1845）

分布：中国海南、云南、四川、广西；缅甸、泰国、尼泊尔、印度等地。

♂
云南
8.5cm

正　　　　　　　　　　　　　　反

（一一九）紫蛱蝶属 *Sasakia* Moore, 1896

全世界记载有 3 种，主要分布在东亚地区。

404. 黑紫蛱蝶 *Sasakia funebris* Leech，1891

分布：中国浙江、福建、云南、四川等地。

本种被列入中国《国家保护的有益的或者有重要经济、科学研究价值的陆生野生动物名录》。

♂
四川
9cm

正　　　　　　　　　　　　　　反

405. 大紫蛱蝶 *Sasakia charonda* Hewitson，1863

分布：中国辽宁、河北、四川、河南、浙江、台湾；日本、朝鲜等地。

本种为日本国蝶。

正

反

♂
四川
9cm

（一二○）茵蛱蝶属 *Apaturopsis* Aurivillius, 1898

全世界记载有 3 种，主要分布在非洲热带地区。

406. 茵蛱蝶 *Apaturopsis cleochares*（Hewitson，1873）

分布：非洲南部和马达加斯加等地。

♂
中非共和国
4cm

正　　　　　　　反

（一二一）荣蛱蝶属 *Doxocopa* Hübner, 1819

全世界记载约 17 种，主要分布在中美洲和南美洲。

407．蓝带荣蛱蝶 *Doxocopa laurentia*（Godart，1824）

分布：中美洲及南美洲哥伦比亚、玻利维亚、秘鲁等地。

♂
秘鲁
6cm

正　　　　　　　　　　　　　　　　反

408．蓝白带荣蛱蝶 *Doxocopa lavinia* Butler，1866

分布：中美洲和南美洲北部地区。

♂
秘鲁
6cm

正　　　　　　　　　　　　　　　　反

409．蓝斑荣蛱蝶 *Doxocopa cyane*（Latreille，1813）

分布：中美洲和南美洲的西北部地区。

♂
秘鲁
5cm

正　　　　　　　　　　　　　　　　反

410. 鼠荣蛱蝶 *Doxocopa elis*（C. *et* R. Felder，1861）

分布：哥伦比亚和玻利维亚等地。

♂
秘鲁
4cm

正　　　　　　　　　　反

411. 白黄带荣蛱蝶 *Doxocopa laure*（Drury，1773）

分布：北美洲南部、中美洲和南美洲北部地区。

♂
秘鲁
8cm

正　　　　　　　　　　反

（一二二）图蛱蝶属 *Callicore* Hübner, 1819

全世界记载约20种，主要分布在中美洲和南美洲。

412. 裕后图蛱蝶 *Callicore cynosura*（Doubleday *et* Hewitson，1847）

分布：哥伦比亚、巴西、秘鲁、玻利维亚等地。

♂
巴西
6cm

正　　　　　　　　　　反

413. 三星图蛱蝶 *Callicore eunomia*（Hewitson，1853）

分布：哥伦比亚、圭亚那、巴西、秘鲁和玻利维亚等地。

正　　　　　♂ 秘鲁 4.5cm　　　　　反

414. 爱琴图蛱蝶 *Callicore lyca*（Doubleday，1847）

分布：南美洲。

正　　　　　♂ 秘鲁 5cm　　　　　反

415. 多点图蛱蝶 *Callicore pygas*（Godart，1824）

分布：南美洲。

正　　　　　♀ 巴西 5cm　　　　　反

416. 西方图蛱蝶 *Callicore hesperis*（Guérin-Méneville，1844）

分布：哥伦比亚、巴西、厄瓜多尔、秘鲁、玻利维亚等地。

♂
秘鲁
4cm

正　　　　　　　　　　　反

（一二三）开心蛱蝶属 *Paulogramma* Dillon, 1948

全世界记载仅 1 种，分布在南美洲。

417. 半红开心蛱蝶 *Paulogramma pyracmon*（Godart，1824）

分布：厄瓜多尔、秘鲁、玻利维亚等地。

♀
秘鲁
4cm

正　　　　　　　　　　　反

（一二四）涡蛱蝶属 *Diaethria* Billberg, 1820

全世界记载约 12 种，主要分布在中美洲和南美洲北部地区。

418. 红涡蛱蝶 *Diaethria clymena*（Cramer，1775）

分布：墨西哥、秘鲁和巴西等地。

♀
秘鲁
4cm

正　　　　　　　　　　　反

（一二五）美蛱蝶属 *Perisama* Doubleday, 1849

全世界记载约 41 种，主要分布在哥伦比亚、委内瑞拉、阿根廷等地。

419. 钩带美蛱蝶 *Perisama humboldtii* Guérin-Méneville，1844

分布：哥伦比亚、秘鲁、厄瓜多尔和玻利维亚等地。

♂
秘鲁
4.5cm

正　　　　　　　　　　　　　　　　　　　　反

（一二六）星蛱蝶属 *Asterope* Hübner, 1819

全世界记载约 13 种，主要分布在新热带区。

420. 红腋星蛱蝶 *Asterope leprieuri*（Feisthamel，1835）

分布：哥伦比亚至巴西，玻利维亚等地。

♂
巴西
6cm

正　　　　　　　　　　　　　　　　　　　　反

（一二七）赛文蛱蝶属 *Sevenia* Koçak, 1996

全世界记载约 16 种，主要分布在非洲大陆和马达加斯加。

421. 赛文蛱蝶 *Sevenia pechueli*（Dewitz，1879）

分布：尼日利亚、喀麦隆、刚果、安哥拉、中非共和国、坦桑尼亚、马拉维、赞比亚和纳米比亚等地。

♂
中非共和国
6cm

正　　　　　　反

（一二八）炬蛱蝶属 *Panacea* Godman *et* Salvin, 1883

全世界记载有 6 种，主要分布于墨西哥和南美洲西北部地区。

422. 炬蛱蝶 *Panacea prola*（Doubleday，1848）

分布：哥伦比亚、厄瓜多尔、秘鲁、巴西等地。

正

♂
秘鲁
8cm

反

（一二九）火蛱蝶属 *Pyrrhogyra* Hübner, 1819

全世界记载有 6 种，主要分布在中美洲和南美洲。

423. 耳火蛱蝶 *Pyrrhogyra otolais* Bates，1864

分布：中美洲和南美洲北部地区。

正　　　　　♂ 秘鲁 6cm　　　　　反

（一三〇）权蛱蝶属 *Dynamine* Hübner, 1819

全世界记载约 40 种，主要分布在南美洲。

424. 褐绿权蛱蝶 *Dynamine aerata*（Butler，1877）

分布：秘鲁、巴西等地。

正　　　　　♂ 秘鲁 4cm　　　　　反

425. 白斑权蛱蝶 *Dynamine racidula*（Hewitson，1852）

分布：哥伦比亚、秘鲁和巴西等地。

正　　　　　♂ 秘鲁 3.5cm　　　　　反

（一三一）朱履蛱蝶属 *Biblis* Fabricius, 1807

全世界记载仅 1 种，主要分布在美国南部、墨西哥、加勒比海区、中美和南美等地。

426. 朱履蛱蝶 *Biblis hyperia*（Cramer，1779）

分布：美国南部、墨西哥、加勒比海地区、中美洲和南美洲等地。

正

♂
秘鲁
9cm

反

（一三二）宓蛱蝶属 *Byblia* Hübner, 1819

全世界记载有 2 种，主要分布在非洲和印度次大陆。

427. 安宓蛱蝶 *Byblia anvatara*（Boisduval，1833）

分布：撒哈拉沙漠以南的非洲地区。

正

♂
中非共和国
5cm

反

（一三三）宽蛱蝶属 *Eurytela* Boisduval, 1833

全世界记载有 4 种，分布在非洲地区。

428. 白条宽蛱蝶 *Eurytela hiarbas*（Drury，1770）

分布：撒哈拉沙漠以南的非洲地区。

♀
中非共和国
5cm

正　　　　　　　反

（一三四）贝茨蛱蝶属 *Batesia* C. *et* R. Felder, 1862

全世界记载仅 1 种，主要分布于巴西、厄瓜多尔和秘鲁等地。

429. 贝茨蛱蝶 *Batesia hypochlora* C. *et* R. Felder，1862

分布：巴西、厄瓜多尔、秘鲁等地。

正

♂
秘鲁
9cm

反

（一三五）蛤蟆蛱蝶属 *Hamadryas* Hübner, 1806

全世界记载约 17 种，主要分布于南美洲至美国亚利桑那州地区，尤多见于哥斯达黎加。

430. 蛤蟆蛱蝶 *Hamadryas amphinome*（Linnaeus，1767）

分布：阿根廷、墨西哥南部到亚马孙平原、圭亚那、秘鲁和玻利维亚等地。

正　　　　　　　　♂
巴西
5cm　　　　　　　　反

（一三六）波蛱蝶属 *Ariadne* Horsfield, 1829

全世界记载约 12 种，主要分布在亚洲。

431. 波蛱蝶 *Ariadne ariadne*（Linnaeus，1763）

分布：中国海南、云南、广西、台湾；东南亚地区、印度、伊朗等地。

正　　　　　　　　♂
云南
5cm　　　　　　　　反

（一三七）鼠峡蝶属 *Myscelia* Doubleday, 1844

全世界记载约 9 种，主要分布在北美洲南部、中美洲和南美洲北部地区。

432. 白斑褐鼠峡蝶 *Myscelia capenas*（Hewitson，1857）

分布：南美洲。

正　　　　　　　　♂
秘鲁
4.5cm　　　　　　　反

（一三八）黑峡蝶属 *Catonephele* Hübner, 1819

全世界记载约 11 种，主要分布于中美洲、南美洲和西印度群岛。

433. 黄柱黑峡蝶 *Catonephele chromis*（Doubleday，1848）

分布：墨西哥、哥伦比亚和玻利维亚等地。

正　　　　　　　　　　　　　　反

♂
秘鲁
8cm

（一三九）神蛱蝶属 *Eunica* Hübner, 1819

全世界记载约 45 种，主要分布在中美洲和南美洲。

434. 斑蓝神蛱蝶 *Eunica norica*（Hewitson，1852）

分布：哥伦比亚、秘鲁等地。

正

反

♂
秘鲁
4.5cm

（一四〇）秀蛱蝶属 *Pseudergolis* C. *et* R. Felder, 1867

全世界记载有 2 种，主要分布在中国中西部、喜马拉雅山脉地区和泰国等地。

435. 秀蛱蝶 *Pseudergolis wedah*（Kollar，1848）

分布：中国中西部地区；缅甸、印度等地。

♂
西藏
5.5cm

正

反

（一四一）饰蛱蝶属 *Stibochiona* Butler, 1869

全世界记载有 2 种，主要分布于东南亚和南亚地区。

436. 素饰蛱蝶 *Stibochiona nicea*（Gray，1846）

分布：中国东南部及中西部地区；印度、尼泊尔、缅甸、越南、马来西亚等地。

正　　♂ 海南 5cm　　反

（一四二）电蛱蝶属 *Dichorragia* Butler, 1869

全世界记载有 2 种，主要分布于东南亚和东亚地区。

437. 电蛱蝶 *Dichorragia nesimachus*（Doyère，1840）

分布：中国中部至东南部地区、台湾；日本、越南、印度尼西亚、印度、缅甸等地。

正　　♀ 印度尼西亚 8cm　　反

正　　♂ 台湾 6cm　　反

（一四三）凤蛱蝶属 *Marpesia* Hübner, 1818

全世界记载约 17 种，主要分布在中美洲和南美洲。

438. 召龙凤蛱蝶 *Marpesia zerynthia* Hübner，1823

分布：墨西哥、哥伦比亚、秘鲁等地。

♂
秘鲁
5cm

正　　　　　　　　　　　　　　　　　　反

439. 蓝灰凤蛱蝶 *Marpesia livius*（Kirby，1871）

分布：墨西哥、哥伦比亚、秘鲁等地。

♂
秘鲁
5cm

正　　　　　　　　　　　　　　　　　　反

440. 和谐凤蛱蝶 *Marpesia harmonia*（Klug，1836）

分布：墨西哥东南部、危地马拉、秘鲁等地。

♂
秘鲁
5cm

正　　　　　　　　　　　　　　　　　　反

（一四四）丝蛱蝶属 *Cyrestis* Boisduval, 1832

全世界记载约 23 种，主要分布在东洋区至澳洲区。

441. 八目丝蛱蝶 *Cyrestis cocles*（Fabricius，1787）

分布：中国海南、云南等；东南亚地区和印度等地。

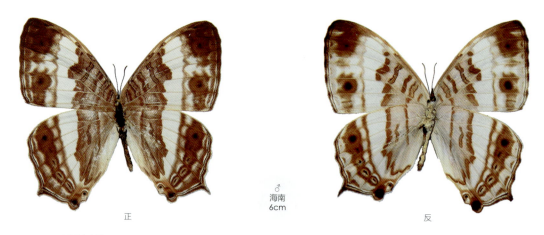

正　　　　　　　　　♂
海南
6cm　　　　　　　　　反

442. 网丝蛱蝶 *Cyrestis thyodamas* Boisduval，1846

分布：中国中西部及南部；东南亚和南亚地区、巴布亚新几内亚等地。

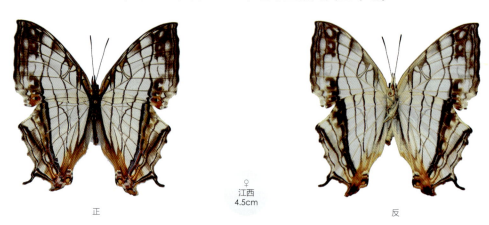

正　　　　　　　　　♀
江西
4.5cm　　　　　　　　反

443. 雪白网丝蛱蝶 *Cyrestis nivea*（Zinken，1831）

分布：南亚至东亚地区。

正　　　　　　　　　♂
菲律宾
4cm　　　　　　　　　反

444. 条纹丝蛱蝶 *Cyrestis strigata* C. *et* R. Felder，1867

分布：东南亚地区。

正　　　　　♂菲律宾 4cm　　　　　反

445. 丝蛱蝶 *Cyrestis thyonneus* Cramer，1779

分布：东南亚地区。

正　　　　　♂菲律宾 4cm　　　　　反

446. 宝林丝蛱蝶 *Cyrestis paulinus* C. *et* R. Felder，1860

分布：东南亚地区。

正　　　　　♂菲律宾 4cm　　　　　反

（一四五）豹蛱蝶属 *Argynnis* Fabricius, 1807

本属将斐豹蛱蝶属（*Argyreus* Scopoli）、老豹蛱蝶属（*Argyronome* Hübner）、青豹蛱蝶属（*Damora* Nordmann）、银豹蛱蝶属（*Childrena* Hemming）、斑豹蛱蝶属（*Speyeria* Scudder）、福蛱蝶属（*Fabriciana* Reuss）这些晚出异名进行了合并。全世界记载约 25 种，主要分布于亚洲和欧洲地区。

447. 豹蛱蝶（绿豹蛱蝶）*Argynnis paphia*（Linnaeus，1758）

分布：中国大部分省区；日本、朝鲜及欧洲、非洲地区。

正

反

♀
四川
7cm

正

反

♂
四川
7cm

448．斐豹蛱蝶 *Argynnis hyperbius* Linnaeus，1763

分布：中国各省区；东亚至南亚地区。

♀
四川
8cm

正　　　　　　　反

♂
四川
7cm

正　　　　　　　反

449．老豹蛱蝶 *Argynnis laodice*（Pallas，1771）

分布：中国大部分省区；亚洲东部至中部、欧洲东部地区。

♀
江苏
6.5cm

正　　　　　　　反

正   ♂
                        四川
                        6cm   反

450. 青豹蛱蝶 *Argynnis sagana*（Doubleday，1847）

分布：中国华东、华中、东北地区；蒙古、西伯利亚东部、朝鲜和日本等地。

正   ♀
                        浙江
                        7cm   反

正   ♂
                        陕西
                        7cm   反

451. 银豹蛱蝶 *Argynnis childreni* Gray，1831

分布：中国中西部及南方省区；印度、缅甸等地。

♂
四川
8cm

正　　　　　　　　　　　反

452. 银斑豹蛱蝶 *Argynnis aglaja*（Linnaeus，1758）

分布：中国中西部及北方广大地区；朝鲜半岛和日本；中亚至欧洲地区。

♂
新疆
5cm

正　　　　　　　　　　　反

453. 蟾福蛱蝶 *Argynnis nerippe* C. *et* R. Felder，1862

分布：中国黑龙江、河南、陕西、宁夏、浙江等地；东亚、东欧地区。

♂
宁夏
7cm

正　　　　　　　　　　　反

454. 灿福蛱蝶 *Argynnis adippe*（Denis *et* Schiffermüller，1775）

分布：中国黑龙江、河南、陕西、宁夏、山东、江苏、云南等地；东亚、中亚、东欧地区。

正　　　　　♀
山东
7cm　　　　　反

（一四六）珍蛱蝶属 *Clossiana* Reuss, 1920

全世界记载约 35 种，主要分布在亚洲、北美洲、欧洲地区。

455. 珍蛱蝶 *Clossiana gong*（Oberthür，1884）

分布：中国河南、山西、云南、四川、西藏等地。

正　　　　　♂
四川
3.5cm　　　　反

（一四七）珠蛱蝶属 *Issoria* Hübner, 1819

全世界记载有 4 种，主要分布在亚洲北部、非洲北部、欧洲和南美洲地区。

456. 珠蛱蝶 *Issoria lathonia*（Linnaeus，1758）

分布：中国四川、云南、西藏、新疆；日本、俄罗斯及北非地区。

正　　　　　♂
四川
4.5cm　　　　反

457.曲斑珠蛱蝶 *Issoria eugenia*（Eversmann，1847）

分布：中国四川、陕西、云南、西藏等地。

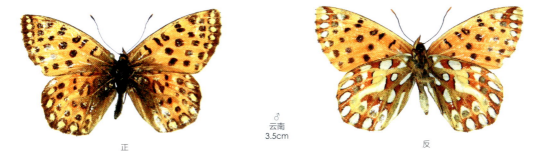

♂
云南
3.5cm

正　　　　　　　　反

（一四八）文蛱蝶属 *Vindula* Hemming, 1934

全世界记载有 5 种，主要分布在东南亚地区及澳大利亚。

458.文蛱蝶 *Vindula erota*（Fabricius，1793）

分布：中国云南、四川、广东、海南等地；南亚、东南亚一带。

♂
四川
8cm

正　　　　　　　　反

459.台文蛱蝶 *Vindula dejone*（Erichson，1834）

分布：中国台湾；东南亚地区及澳大利亚。

♂
印度尼西亚
8.5cm

正　　　　　　　　反

（一四九）贴蛱蝶属 *Terinos* Boisduval, 1836

全世界记载有 8 种，主要分布在东南亚的缅甸至新几内亚。

460. 紫彩帖蛱蝶 *Terinos terpander* Hewitson，1862

分布：印度尼西亚、马来西亚等东南亚地区。

正

♀
印度尼西亚
6cm

反

（一五〇）襟蛱蝶属 *Cupha* Billberg, 1820

全世界记载约 10 种，主要分布在东洋区和澳洲区。

461. 黄襟蛱蝶 *Cupha erymanthis* Drury，1773

分布：中国广东、海南、云南、台湾；东南亚至南亚地区，澳大利亚。

正

反

♀
海南
5cm

（一五一）珐蛱蝶属 *Phalanta* Holsfield, 1829

全世界记载有 6 种，主要分布在非洲至南亚，澳大利亚北部地区。

462. 珐蛱蝶 *Phalanta phalantha*（Drury，1773）

分布：中国四川、广东、云南及台湾；日本、泰国、缅甸、印度；撒哈拉沙漠以南的非洲地区。

正　　　　　♂
四川
5cm　　　　　反

463. 橙翅珐蛱蝶 *Phalanta eurytis*（Doubleday，1847）

分布：中非共和国、乌干达等地。

正

反

♂
中非共和国
6cm

（一五二）辘蛱蝶属 *Cirrochroa* Doubleday, 1847

全世界记载约 20 种，主要分布在东南亚地区和澳大利亚。

464. 幸运辘蛱蝶 *Cirrochroa tyche*（C. *et* R. Felder，1861）

分布：中国南方地区、香港；东南亚。

正　　　　　　　　　♀
菲律宾
6cm　　　　　　　　　反

正　　　　　　　　　♂
菲律宾
6cm　　　　　　　　　反

465. 瑟辘蛱蝶 *Cirrochroa semiramis* C. *et* R. Felder，1867

分布：印度尼西亚诸岛。

正　　　　　　　　　♂
印度尼西亚
7cm　　　　　　　　　反

（一五三）茸翅蛱蝶属 *Lachnoptera* Doubleday, 1847

全世界记载有 2 种，主要分布在非洲。

466. 茸翅蛱蝶 *Lachnoptera anticlia*（Hübner，1819）

分布：塞内加尔、圭亚那、塞拉利昂、中非共和国、利比里亚、科特迪瓦等地。

♂
中非共和国
5.5cm

正　　　　　　　　　　反

（一五四）彩蛱蝶属 *Vagrans* Hemming, 1934

全世界记载仅 1 种，主要分布在东南亚和南亚地区。

467. 彩蛱蝶 *Vagrans egista*（Cramer，1780）

分布：中国贵州、海南；泰国、缅甸、菲律宾、印度、澳大利亚等地。

♀
印度尼西亚
6cm

正　　　　　　　　　　反

♂
云南
5.5cm

正　　　　　　　　　　反

（一五五）锯蛱蝶属 *Cethosia* Fabricius, 1807

全世界记载约 15 种，主要分布在亚洲东南部至澳大利亚。

468. 白带锯蛱蝶 *Cethosia cyane*（Drury，1773）

分布：中国南方地区；东南亚各国，印度等地。

正　　　　　♀云南7cm　　　　　反

正　　　　　♂云南6.5cm　　　　　反

469. 红锯蛱蝶 *Cethosia biblis*（Drury，1773）

分布：中国南方地区；马来西亚、缅甸、不丹、印度等地。

正　　　　　♂四川7cm　　　　　反

（一五六）漪蛱蝶属 *Cymothoe* Hübner, 1819

全世界记载约 75 种，主要分布在撒哈拉以南的非洲地区。

470. 血漪蛱蝶（桑红波蛱蝶）*Cymothoe sangaris*（Godart，1824）

分布：中非共和国、喀麦隆、赤道几内亚等非洲中西部地区。

♂
中非共和国
4.5cm

正　　　　　　　　　反

471. 臧红漪蛱蝶 *Cymothoe crocea* Schultze，1917

分布：中非共和国、喀麦隆、赤道几内亚等非洲中部地区。

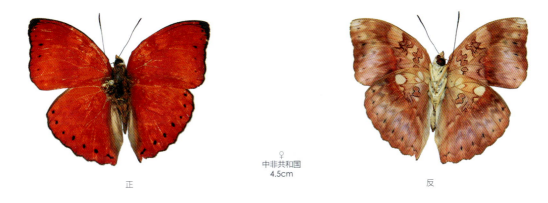

♀
中非共和国
4.5cm

正　　　　　　　　　反

472. 贝克漪蛱蝶 *Cymothoe beckeri* Herrich-Schäffer，1853

分布：尼日利亚、喀麦隆、加蓬、刚果、安哥拉、中非共和国和乌干达等地。

♂
中非共和国
7cm

正　　　　　　　　　反

473. 咖啡漪蛱蝶 *Cymothoe egesta*（Cramer，1775）

分布：圭亚那、尼日利亚、喀麦隆、安哥拉、中非共和国和刚果等地。

♂
中非共和国
6.5cm

正　　　　　　　　　　　　　　　　反

474. 土黄漪蛱蝶 *Cymothoe hypatha*（Hewitson，1866）

分布：尼日利亚、喀麦隆、中非共和国和刚果等地。

♂
中非共和国
7.5cm

正　　　　　　　　　　　　　　　　反

475. 新生漪蛱蝶 *Cymothoe caenis*（Drury，1773）

分布：圭亚那、尼日利亚、喀麦隆、中非共和国和刚果等地。

♀
中非共和国
6cm

正　　　　　　　　　　　　　　　　反

（一五七）栎蛱蝶属 *Euphaedra* Hübner, 1819

全世界记载约 212 种，主要分布于撒哈拉以南的非洲地区。

476. 淡绿栎蛱蝶 *Euphaedra caerulescens* Grose-Smith，1890

分布：中非共和国、刚果、乌干达和埃塞俄比亚等地。

♀
中非共和国
6.5cm

正　　　　　　　　　反

♂
中非共和国
7.5cm

正　　　　　　　　　反

477. 阿东尼栎蛱蝶 *Euphaedra adonina*（Hewitson，1865）

分布：尼日利亚、喀麦隆、中非共和国、刚果等地。

♂
中非共和国
7.5cm

正　　　　　　　　　反

478. 绿裙栎蛱蝶 *Euphaedra themis*（Hübner，1807）

分布：圭亚那、塞拉利昂、利比里亚、象牙海岸、中非共和国、尼日利亚和喀麦隆等地。

正　　　　　　　♀
圭亚那
6.5cm　　　　　　反

正

反

♂
圭亚那
6.5cm

479. 红褐栎蛱蝶 *Euphaedra eberti* Aurivillius，1896

分布：刚果、中非共和国、乌干达等地。

♀
中非共和国
6.5cm

正　　　　　　　　　　　反

正

♂
中非共和国
6cm

反

480. 普蓝柊蛱蝶 *Euphaedra preussi* Staudinger，1891

分布：刚果、中非共和国、乌干达等地。

♀
中非共和国
7cm

正　　　　　　　　　　　　　　　　　　反

（一五八）翠蛱蝶属 *Euthalia* Hübner, 1819

全世界记载约 70 种，主要分布在亚洲。

481. 白裙翠蛱蝶 *Euthalia lepidea*（Butler，1868）

分布：中国西南地区；越南、缅甸、泰国、马来西亚等地。

♀
四川
6cm

正　　　　　　　　　　　　　　　　　　反

482. 绿裙边翠蛱蝶 *Euthalia niepelti* Strand，1916

分布：中国南方地区；亚洲南部。

♂
福建
5.5cm

正　　　　　　　　　　　　　　　　　　反

483．红斑翠蛱蝶 *Euthalia lubentina*（Cramer，1777）

分布：中国四川、湖北、浙江、福建及台湾等；南亚和东南亚地区。

♀
四川
7cm

正　　　　　　　　　反

♂
四川
5cm

正　　　　　　　　　反

484．暗斑翠蛱蝶 *Euthalia monina*（Fabricius，1787）

分布：中国云南、广东、广西、海南等；南亚和东南亚地区。

♀
马来西亚
7cm

正　　　　　　　　　反

♀
四川
6cm

正　　　　反

485．尖翅翠蛱蝶 *Euthalia phemius*（Doubleday，1848）

分布：中国四川、云南、广东、广西；东亚和南亚地区。

♀
四川
6.5cm

正　　　　反

486．黄铜翠蛱蝶 *Euthalia nara* Moore，1859

分布：中国南方地区；亚洲南部。

♂
云南
5.5cm

正　　　　反

487. 嘉翠蛱蝶 *Euthalia kardama*（Moore，1859）

分布：中国四川、云南、福建；亚洲南部地区。

♀
四川
7.5cm

正　　　　　　　　　　　　　　反

488. 渡带翠蛱蝶 *Euthalia duda*（Staudinger，1855）

分布：中国西藏、四川、云南；亚洲南部地区。

♂
四川
7cm

正　　　　　　　　　　　　　　反

489. 矛翠蛱蝶 *Euthalia aconthea*（Cramer，1777）

分布：中国四川、云南、福建、海南；东南亚至南业地区。

♀
马来西亚
6cm

正　　　　　　　　　　　　　　反

490. 台湾翠蛱蝶 *Euthalia formosana* Fruhstorfer，1908

分布：中国台湾。

正　　　　　　　　　♂ 台湾 8cm　　　　　　　　　反

（一五九）律蛱蝶属 *Lexias* Boisduval, 1832

全世界记载约 17 种，主要分布在东南亚至澳大利亚。

491. 小豹律蛱蝶 *Lexias pardalis*（Moore，1878）

分布：中国南部；东南亚和南亚地区。

正　　　　　　　　　♀ 广东 7.5cm　　　　　　　　　反

正　　　　　　　　　♂ 广东 7.5cm　　　　　　　　　反

492．黑角律蛱蝶 *Lexias dirtea*（Fabricius，1793）

分布：中国南部；东亚和南亚地区。

♂
四川
7cm

正　　　　　　　　　反

493．艾提律蛱蝶 *Lexias aeetes*（Hewitson，1861）

分布：东南亚地区。

♀
菲律宾
6cm

正　　　　　　　　　反

（一六〇）线蛱蝶属 *Limenitis* Fabricius, 1807

全世界记载约 26 种，主要分布在欧洲、亚洲和北美洲。

494．红线蛱蝶 *Limenitis populi*（Linnaeus，1758）

分布：西欧到俄罗斯，并延伸至日本及中国的西北和中部地区。

♂
四川
6.5cm

正　　　　　　　　　反

495．艾维线蛱蝶（妲蛱蝶）*Limenitis elwesi* Oberthür，1884

分布：中国四川、云南、西藏等地。

♂
西藏
5cm

正　　　　　　　　反

496．折线蛱蝶 *Limenitis sydyi* Lederer，1853

分布：中国中西部及北部广大地区；朝鲜、蒙古、俄罗斯等地。

♀
四川
5.5cm

正　　　　　　　　反

497．扬眉线蛱蝶 *Limenitis helmanni* Lederer，1853

分布：中国中部及广大的北方地区；朝鲜、蒙古、俄罗斯等地。

♀
新疆
4.5cm

正　　　　　　　　反

（一六一）悌蛱蝶属 *Adelpha* Hübner, 1819

全世界记载约 88 种，主要分布在美国南部、墨西哥及南美洲。

498．悌蛱蝶 *Adelpha mesentina*（Cramer，1777）

分布：委内瑞拉至玻利维亚、圭亚那等地。

正　　　　　　　　　♂
　　　　　　　　　秘鲁
　　　　　　　　　5cm　　　　　　反

499．阿斯悌蛱蝶 *Adelpha lycorias*（Godart，1824）

分布：墨西哥、巴西、委内瑞拉、秘鲁、哥伦比亚、厄瓜多尔、危地马拉等地。

● 劳拉亚种 *Adelpha lycorias lara*（Hewitson，1850）

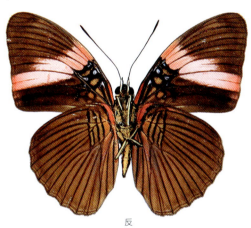

正　　　　　　　　　♂
　　　　　　　　　秘鲁
　　　　　　　　　6cm　　　　　　反

500．反白悌蛱蝶 *Adelpha aricia* Hewitson，1847

分布：南美洲。

正　　　　　　　　　♂
　　　　　　　　　秘鲁
　　　　　　　　　4.5cm　　　　　反

（一六二）带蛱蝶属 *Athyma* Westwood, 1850

全世界记载约 48 种，主要分布在古北区及东洋区。

501. 残锷带蛱蝶（残锷线蛱蝶）*Athyma sulpitia*（Cramer，1779）

分布：中国中部及南部地区；越南、缅甸、泰国、印度等地。

正　　　　　　♀
云南
6cm　　　　　　反

502. 珠履带蛱蝶 *Athyma asura* Moore，1858

分布：中国中部及南部地区；菲律宾、印度尼西亚、新加坡、尼泊尔、印度等地。

正　　　　　　♀
云南
7cm　　　　　　反

503. 虬眉带蛱蝶 *Athyma opalina*（Kollar，1844）

分布：中国中南部、西南部；缅甸、印度等地。

正　　　　　　♂
四川
5.5cm　　　　　　反

504. 玄珠带蛱蝶 *Athyma perius*（Linnaeus，1758）

分布：中国中部至东南部；东南亚、南亚地区。

♂
广东
6cm

正　　　　　　　　　　　　　　反

505. 离斑带蛱蝶 *Athyma ranga* Moore，1857

分布：中国南部；印度和东南亚地区。

♀
海南
6cm

正　　　　　　　　　　　　　　反

506. 玉杵带蛱蝶 *Athyma jina* Moore，1857

分布：中国新疆、四川、江西、浙江、云南、福建、台湾；印度、缅甸等地。

● 台湾亚种 *Athyma jina sauteri*（Fruhstorfer，1912）

♀
台湾
5.5cm

正　　　　　　　　　　　　　　反

507. 六点带蛱蝶 *Athyma punctata* Leech，1890

分布：中国浙江、江西、广东、四川等地。

正　　　　　♂ 四川 6cm　　　　　反

508. 新月带蛱蝶 *Athyma selenophora*（Kollar，1844）

分布：中国江西、四川、南方诸省及台湾；东南亚和南亚地区。

● 台湾亚种（单带蛱蝶）*Athyma selenophora laela*（Fruhstorfer，1908）

正　　　　　♂ 台湾 5cm　　　　　反

（一六三）缕蛱蝶属 *Litinga* Moore, 1898

全世界记载约 3 种，主要分布在亚洲。

509. 拟缕蛱蝶 *Litinga mimica*（Poujade，1885）

分布：中国陕西、河南、四川等地。

正　　　　　♀ 四川 6cm　　　　　反

510. 缕蛱蝶（未定种） *Litinga* sp.

分布：中国云南等地。

正　　　云南　　　反
6cm

（一六四）奥蛱蝶属 *Auzakia* Moore, 1898

全世界记载仅 1 种，分布在东洋区。

511. 奥蛱蝶 *Auzakia danava*（Moore，1857）

分布：中国南部及西藏地区；缅甸、不丹、印度等地。

正　　　♂　　　反
四川
6.5cm

（一六五）穆蛱蝶属 *Moduza* Moore, 1881

全世界记载约 15 种，主要分布在东南亚地区。

512. 穆蛱蝶 *Moduza procris*（Cramer，1777）

分布：中国云南、广东、广西、海南等；东南亚地区。

正　　　♀　　　反
印度尼西亚
6cm

（一六六）葩蛱蝶属 *Patsuia* Moore, 1898

全世界记载仅 1 种，分布于中国。

513. 中华黄葩蛱蝶 *Patsuia sinensis*（Oberthurür，1876）

分布：中国河南、山西、陕西、甘肃、西藏等地。

正　　　　♀ 陕西 6cm　　　　反

（一六七）瑟蛱蝶属 *Seokia* Sibatani, 1943

全世界记载仅 2 种，分布于古北区。

514. 锦瑟蛱蝶 *Seokia pratti*（Leech，1890）

分布：中国四川、陕西、湖北、浙江、安徽等地。

正　　　　♂ 陕西 5cm　　　　反

（一六八）累积蛱蝶属 *Lelecella* Hemming, 1939

全世界记载仅 1 种，分布于中国。

515. 累积蛱蝶 *Lelecella limenitoides*（Oberthür，1890）

分布：中国的河南、陕西、四川等地。

正

♂
四川
7cm

反

（一六九）蟠蛱蝶属 *Pantoporia* Hübner, 1819

全世界记载约 17 种，主要分布在亚洲。

516. 金蟠蛱蝶 *Pantoporia hordonia*（Stoll，1790）

分布：中国海南、广东、广西、台湾；东南亚和南亚地区。

正

♀
马来西亚
4cm

反

（一七〇）环蛱蝶属 *Neptis* Fabricius, 1807

全世界记载约 158 种，主要分布在世界各热带、亚热带地区。

517. 小环蛱蝶 *Neptis sappho*（Pallas，1771）

分布：中国四川、陕西、云南、浙江、福建及台湾；印度、日本、巴基斯坦及东欧地区。

♀
云南
4.5cm

正　　　　　　　　　　　　反

518. 中环蛱蝶 *Neptis hylas*（Linnaeus，1758）

分布：中国云南、四川、陕西、浙江、福建及台湾；南亚和东南亚地区。

● 台湾亚种 *Neptis hylas luculenta* Fruhstorfer，1907

♀
台湾
5.5cm

正　　　　　　　　　　　　反

♂
台湾
5cm

正　　　　　　　　　　　　反

519. 白环蛱蝶 *Neptis leucoporos* Fruhstorfer，1908

分布：中国海南、云南；马来西亚、印度尼西亚、缅甸等地。

♂
马来西亚
6cm

正　　　　　　　　反

520. 弥环蛱蝶 *Neptis miah* Moore，1858

分布：中国海南、广东及西部地区；印度、不丹、泰国、马来西亚等地。

♀
四川
5.5cm

正　　　　　　　　反

521. 羚环蛱蝶 *Neptis antilope* Leech，1890

分布：中国陕西、四川、浙江、河南；越南等地。

♂
陕西
5.5cm

正　　　　　　　　反

522. 台湾环蛱蝶（埔里三线蝶、蓬莱环蛱蝶）*Neptis taiwana* Fruhstorfer，1908

分布：中国华南地区，也多见于台湾。

正　　　　♀　　　　反
　　　　台湾
　　　　5cm

523. 矛环蛱蝶 *Neptis armandia* Oberthür，1876

分布：中国浙江、江西及西南地区；老挝、越南、印度等地。

正　　　　♂　　　　反
　　　　陕西
　　　　5cm

524. 黄环蛱蝶 *Neptis themis* Leech，1890

分布：中国湖南、湖北及西南地区。

正　　　　♂　　　　反
　　　　四川
　　　　6.5cm

525．重环蛱蝶 *Neptis alwina*（Bremer *et* Grey，1853）

分布：中国河南、四川、陕西、辽宁；东亚地区及俄罗斯。

♂
陕西
7cm

正　　　　　　　　　反

526．西环蛱蝶 *Neptis seeldrayersi* Aurivillius，1895

分布：加纳、尼日利亚、喀麦隆、中非共和国、刚果、乌干达、肯尼亚等地。

♀
中非共和国
5.5cm

正　　　　　　　　　反

527．问环蛱蝶 *Neptis nysiades* Hewitson，1868

分布：塞内加尔、几内亚比绍、加纳、中非共和国、尼日利亚、喀麦隆等地。

♂
中非共和国
5cm

正　　　　　　　　　反

（一七一）菲蛱蝶属 *Phaedyma* C.Felder, 1861

全世界记载约 11 种，主要分布在东洋区。

528．蔼菲蛱蝶 *Phaedyma aspasia*（Leech，1890）

分布：中国浙江、四川、云南；缅甸、不丹等地。

正

♂
四川
6cm

反

（一七二）伞蛱蝶属 *Aldania* Moore, 1896

全世界记载有 7 种，主要分布在古北区东部地区。

529．仿斑伞蛱蝶 *Aldania imitans*（Oberthür，1897）

分布：中国四川、云南等地。

正

♂
四川
6cm

反

（一七三）伪环蛱蝶属 *Pseudoneptis* Snellen, 1882

全世界记载仅 1 种，主要分布在非洲中部地区。

530. 布干达伪环蛱蝶 *Pseudoneptis bugandensis* Stoneham，1935

分布：几内亚、塞拉利昂、中非共和国、利比里亚等非洲中部地区。

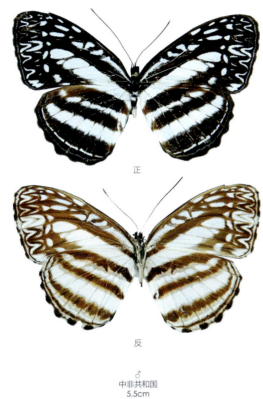

正

反

♂
中非共和国
5.5cm

（一七四）舟蛱蝶属 *Bebearia* Hemming, 1960

全世界记载约 100 种，主要分布在非洲中西部地区。

531. 马丁舟蛱蝶 *Bebearia mardania*（Fabricius，1793）

分布：几内亚、塞拉利昂、利比里亚、中非共和国、喀麦隆、刚果等地。

♂
中非共和国
5.5cm

正　　　　　　　　　　　　　　　　　反

（一七五）伪珍蝶属　*Pseudacraea* Westwood, 1850

全世界记载约 22 种，主要分布在非洲热带区。

532. 玉斑伪珍蛱蝶　*Pseudacraea lucretia*（Cramer，1975）

分布：非洲中部地区。

正　　　　♀ 中非共和国 6.5cm　　　　反

正　　　　♂ 中非共和国 6cm　　　　反

533. 波伪珍蛱蝶　*Pseudacraea boisduvali*（Doubleday，1845）

分布：塞拉利昂、肯尼亚、埃塞俄比亚等地。

正　　　　♂ 中非共和国 7cm　　　　反

534. 红裙伪珍蛱蝶 *Pseudacraea clarki* Butler *et* Rothschild，1892

分布：喀麦隆至加蓬、乌干达等地。

♀
中非共和国
7cm

正　　　　　　　　　　反

（一七六）幽蛱蝶属 *Euriphene* Boisduval, 1847

全世界记载有 70 多种，主要分布于撒哈拉以南的非洲地区。

535. 莱昂幽蛱蝶 *Euriphene leonis*（Aurivillius，1899）

分布：塞拉利昂、利比里亚、科特迪瓦、加纳、中非共和国等地。

♀
中非共和国
8cm

正　　　　　　　　　　反

♂
中非共和国
4.5cm

正　　　　　　　　　　反

（一七七）簇蛱蝶属 *Cynandra* Schatz, 1887

全世界记载仅1种，主要分布于几内亚、塞拉利昂、利比里亚、中非共和国、刚果等中非地区。

536. 蓝纹簇蛱蝶 *Cynandra opis*（Drury，1773）

分布：几内亚、塞拉利昂、利比里亚、中非共和国、刚果等中非地区。

♂
中非共和国
4.5cm

正　　　　　　　　　　　　反

（一七八）丽蛱蝶属 *Parthenos* Hübner, 1819

全世界载有3种，主要分布在东南亚及大洋洲。

537. 丽蛱蝶 *Parthenos sylvia* Cramer，1776

分布：中国南部；东南亚及南亚地区。

● 云南亚种 *Parthenos sylvia sylla*（Donovan，1798）

正

♀
云南
8.5cm

反

（一七九）斑蛱蝶属 *Hypolimnas* Hübner, 1819

全世界记载约 29 种，主要分布于亚洲、非洲和大洋洲。

538. 金斑蛱蝶 *Hypolimnas misippus*（Linnaeus，1764）

分布：中国南方地区；亚洲东部至南部、热带非洲、南美洲和澳大利亚。

云南
8cm

正　　　　反

♂
云南
6cm

正　　　　反

539. 幻紫斑蛱蝶 *Hypolimnas bolina*（Linnaeus，1758）

分布：中国南方地区；南亚至东南亚、南太平洋岛屿、澳大利亚、新西兰、马达加斯加等地。

● 台湾亚种 *Hypolimnas bolina kezia*（Butler，1877）

♀
台湾
7cm

正　　　　反

♂
香港
6.5cm

正　　　　　　　　　　反

● 内里纳亚种 *Hypolimnas bolina nerina*（Fabricius，1775）

♂
印度尼西亚
9.5cm

正　　　　　　　　　　反

540. 高山斑蛱蝶 *Hypolimnas monteironis*（Druce，1874）

分布：尼日利亚、喀麦隆、加蓬、刚果、安哥拉、中非共和国、肯尼亚等地。

♂
中非共和国
9.5cm

正　　　　　　　　　　反

541. 斑蛱蝶 *Hypolimnas pandarus*（Linnaeus，1758）

分布：东亚、东南亚地区和澳大利亚。

♂
印度尼西亚
9cm

正　　　　　　　　　　　　　　反

542. 弱水斑蛱蝶 *Hypolimnas salmacis*（Drury，1773）

分布：尼日利亚、喀麦隆、加蓬、刚果、安哥拉、中非共和国、肯尼亚等非洲中部地区。

♂
中非共和国
9cm

正　　　　　　　　　　　　　　反

543. 巴特斑蛱蝶 *Hypolimnas bartelotti* Grose-Smith，1890

分布：喀麦隆至刚果、乌干达等地。

♀
中非共和国
9cm

正　　　　　　　　　　　　　　反

544. 锯纹白斑蛱蝶 *Hypolimnas dexithea*（Hewitson，1863）

分布：马达加斯加。

正

反

♂
马达加斯加
9cm

545. 花斑蛱蝶 *Hypolimnas anthedon*（Doubleday，1845）

分布：非洲中部和南部地区。

正

♀
中非共和国
8cm

反

（一八〇）眼蛱蝶属 *Junonia* Hübner, 1819

全世界记载有 30 多种，广布于世界各地。

546. 美眼蛱蝶 *Junonia almana*（Linnaeus，1758）

分布：中国大部分省区；东亚至南亚地区。

秋型

♀
江苏
6cm

正　　　　　　反

夏型

♂
海南
5cm

正　　　　　　反

547. 波纹眼蛱蝶 *Junonia atlites*（Linnaeus，1763）

分布：中国南方地区，四川、西藏；东亚南至南亚各国。

♀
海南
6cm

正　　　　　　反

548. 翠蓝眼蛱蝶（蓝地蛱蝶） *Junonia orithya*（Linnaeus，1758）

分布：中国中部及以南地区，台湾；东亚南至南亚各国，非洲及澳大利亚。

♀
江苏
5cm

正　　　　　　　　　反

♂
江苏
5cm

正　　　　　　　　　反

549. 钩翅眼蛱蝶 *Junonia iphita*（Cramer，1779）

分布：中国中部及以南地区；东亚南至南亚各国。

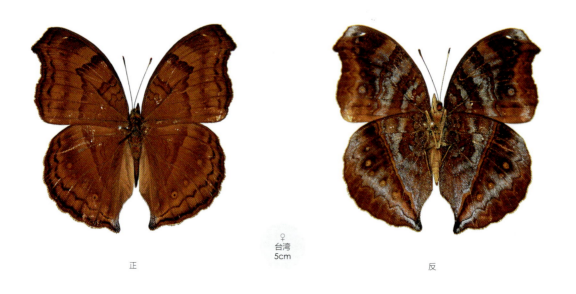

♀
台湾
5cm

正　　　　　　　　　反

550. 蛇眼蛱蝶 *Junonia lemonias*（Linnaeus，1758）

分布：中国南方地区、香港、台湾；东亚南至南亚各国，澳大利亚。

♀
云南
5.5cm

正　　　　反

♂
广东
5.5cm

正　　　　反

551. 眼蛱蝶 *Junonia genoveva*（Cramer，1780）

分布：北美洲南部、中美洲至南美洲北部地区。

♂
秘鲁
5cm

正　　　　反

552. 黄裳眼蛱蝶 *Junonia hierta*（Fabricius，1798）

分布：中国四川、云南、广东、海南等地；东南亚和非洲地区。

正　　　　　　　　♀
云南
5.5cm　　　　　　　　反

正　　　　　　　　♂
云南
5cm　　　　　　　　反

（一八一）虎蛱蝶属 *Hypanartia* Hübner, 1821

全世界记载约 14 种，主要分布在墨西哥至南美洲地区。

553. 端黑虎蛱蝶 *Hypanartia kefersteini*（Doubleday，1847）

分布：墨西哥、哥伦比亚、秘鲁、玻利维亚等地。

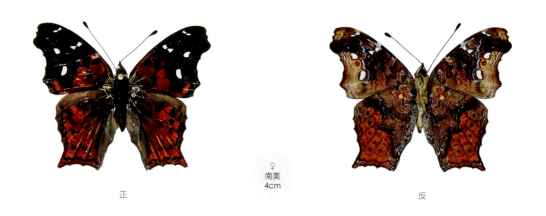

正　　　　　　　　♀
南美
4cm　　　　　　　　反

（一八二）赭蛱蝶属 *Antanartia* Rothschild *et* Jordan, 1903

全世界记载有 3 种，主要分布在非洲南部地区。

554．赭蛱蝶 *Antanartia delius*（Drury，1782）

分布：利比里亚、科特迪瓦、赤道几内亚、安哥拉、肯尼亚和坦桑尼亚等地。

♂
中非共和国
5.5cm

正　　　　　　　反

（一八三）麻蛱蝶属 *Aglais* Dalman, 1816

全世界记载有 7 种，主要分布在亚洲、欧洲、北美洲、马达加斯加。

555．荨麻蛱蝶 *Aglais urticae*（Linnaeus，1758）

分布：中国绝大部分省区；东亚、中亚、中欧等地。

♀
西藏
5.5cm

正　　　　　　　反

556．孔雀蛱蝶 *Aglais io*（Linnaeus，1758）

分布：中国东北至西北地区；东亚、东欧等地。

♀
山西
5.5cm

正　　　　　　　反

（一八四）红蛱蝶属 *Vanessa* Fabricius, 1807

全世界记载约 22 种，几乎遍布世界各地。

557. 大红蛱蝶 *Vanessa indica*（Herbst，1794）

分布：中国大部分地区；东亚至南亚，南美洲东部、北大西洋东岸、欧洲西北部地区。

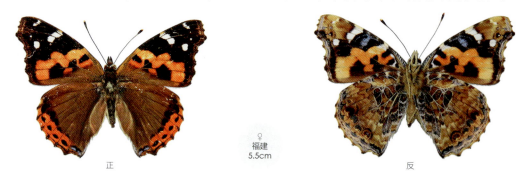

♀
福建
5.5cm

正　　　　　　　　　　　　　　　反

558. 小红蛱蝶 *Vanessa cardui*（Linnaeus，1758）

分布：除南极和南美洲外的世界广大地区。

♂
江苏
5.5cm

正　　　　　　　　　　　　　　　反

（一八五）蛱蝶属 *Nymphalis* Kluk, 1780

全世界记载有 6 种，主要分布在古北区，北美洲、南美洲等地。

559. 朱蛱蝶（绯蛱蝶）*Nymphalis xanthomelas*（Esper，1781）

分布：中国从东北至中西部广大地区，台湾；朝鲜、日本及中欧等地。

● 台湾亚种 *Nymphalis xanthomelas formosana*（Matsumura，1925）

♀
台湾
6cm

正　　　　　　　　　　　　　　　反

（一八六）琉璃蛱蝶属 *Kaniska*（Moore, 1899）

全世界记载仅 1 种，广布于亚洲地区。

560.　琉璃蛱蝶 *Kaniska canace*（Linnaeus，1763）

分布：亚洲各地。

正　　♀ 江苏 7cm　　反

正　　♂ 西藏 6.5cm　　反

（一八七）钩蛱蝶属 *Polygonia* Hübner, 1819

全世界记载约 16 种，主要分布于东亚、北美洲、北非及欧洲地区。

561.　白钩蛱蝶 *Polygonia c-album*（Linnaeus，1758）

分布：中国大部分地区；东亚、北非至欧洲。

正　　♀ 江苏 5.5cm　　反

562. 黄钩蛱蝶 *Polygonia c-aureum*（Linnaeus，1758）

分布：中国除西藏以外的广大地区；东亚至东南亚、俄罗斯等地。

♀
江苏
5cm

正　　　　　　　　　　　　反

（一八八）盛蛱蝶属 *Symbrenthia* Hübner, 1819

全世界记载约 16 种，主要分布在东南亚至南亚地区。

563. 黄豹盛蛱蝶 *Symbrenthia brabira* Moore，1872

分布：中国东南部、西藏；东南亚及南亚地区。

♂
浙江
3cm

正　　　　　　　　　　　　反

● 斑豹亚种 *Symbrenthia brabira leoparda* Chou *et* Li，1994

♀
印度尼西亚
4cm

正　　　　　　　　　　　　反

（二一七）黄灰蝶属 *Japonica* Tutt, 1907

全世界记载有 5 种，分布在中国、朝鲜和日本。

608．栅黄灰蝶 *Japonica saepestriata*（Hewitson，1865）

分布：中国四川；朝鲜和日本。

♂
四川
3.5cm

正　　　　　　　　　　　　　　反

（二一八）白翅灰蝶属 *Neomyrina* Distant, 1884

全世界记载仅 1 种，分布在东洋区。

609．长尾白翅灰蝶 *Neomyrina nivea*（Godman *et* Salvin，1878）

分布：缅甸南部、泰国、马来西亚等地。

♀
印度尼西亚
6cm

正　　　　　　　　　　　　　　反

（二一九）燕灰蝶属 *Rapala* Moore, 1881

全世界记载约 52 种，分布于古北区和东洋区。

610. 霓纱燕灰蝶 *Rapala nissa*（Kollar，1844）

分布：中国南北各省；泰国、马来半岛、印度等地。

正　　　　　　　♂
江苏
3cm　　　　　　　反

（二二○）梳灰蝶属 *Ahlbergia* Bryk, 1946

全世界记载有 7 种，分布在古北区和东洋区。

611. 东北梳灰蝶 *Ahlbergia frivaldszkyi*（Lederer，1853）

分布：中国吉林、辽宁、河南、北京、江苏、浙江；朝鲜。

正　　　　　　　♂
江苏
3cm　　　　　　　反

（二二一）洒灰蝶属 *Satyrium* Scudder，1876

全世界记载约 75 种，分布在古北区和新北区。

612. 武大洒灰蝶 *Satyrium watarii*（Matsumura，1927）

分布：中国云南、台湾等。

正　　　　　　　♀
云南
3cm　　　　　　　反

（二二二）灰蝶属 *Lycaena* Fabricius, 1807

全世界记载有 70 多种，呈世界性分布，但以北美洲、欧洲和亚洲东南部及西部地区较为集中。

613. 丽罕莱灰蝶 *Lycaena li*（Oberthür，1886）

分布：中国云南、四川；缅甸、不丹、印度等地。

正　　　　　♂ 四川 3cm　　　　　反

614. 红灰蝶 *Lycaena phlaeas*（Linnaeus，1761）

分布：中国南北各省；东亚、欧洲和非洲北部地区。

正　　　　　♂ 江苏 3cm　　　　　反

（二二三）彩灰蝶属 *Heliophorus* Geyer *in* Hübner, 1832

全世界记载有 20 多种，主要分布于亚洲南部及喜马拉雅山脉一带。

615. 摩来彩灰蝶（红缘黄灰蝶、翠蓝黄灰蝶）*Heliophorus moorei*（Hewitson，1865）

分布：中国中西部地区；缅甸、不丹、印度等地。

正　　　　　♂ 四川 3cm　　　　　反

（二二四）黑灰蝶属 *Niphanda* Moore, 1875

全世界记载有 5 种，主要分布在东洋区和古北区。

616. 黑灰蝶 *Niphanda fusca*（Bremer *et* Grey，1853）

分布：中国大部分省区；日本、朝鲜。

正　　　　♂ 江苏 3.5cm　　　　反

（二二五）亮灰蝶属 *Lampides* Hübner, 1819

全世界记载有 4 种，广泛分布于亚洲、欧洲、大洋洲和非洲地区。

617. 亮灰蝶（曲纹灰蝶）*Lampides boeticus*（Linnaeus，1767）

分布：中国中部及南部地区；欧洲中南部、非洲北部、亚洲南部、南太平洋诸岛及澳大利亚等地。

正　　　　♂ 江苏 3.5cm　　　　反

（二二六）酢浆灰蝶属 *Pseudozizeeria* Beuret, 1955

全世界记载仅 1 种，主要分布在东洋区和古北区。

618. 酢浆灰蝶 *Pseudozizeeria maha*（Kollar，1884）

分布：中国中部及南部地区，台湾；朝鲜、日本、菲律宾、印度、巴基斯坦等地。

正　　　　♀ 江苏 2cm　　　　反

（二二七）琉璃灰蝶属 *Celastrina* Tutt, 1906

全世界记载有 30 多种，主要分布在东洋区和古北区。

619．琉璃灰蝶 *Celastrina argiolus*（Linnaeus，1758）

分布：中国大部分省区；东亚、欧洲、北非地区。

♀
江苏
3cm

正　　　　反

♂
云南
3cm

正　　　　反

（二二八）紫灰蝶属 *Chilades*（Moore, 1881）

全世界记载约 24 种，主要分布在亚洲西南至东南部、非洲南部和澳大利亚。

620．曲纹紫灰蝶 *Chilades pandava*（Horsfield，1829）

分布：中国广西、云南及香港、台湾等；东亚及南亚地区。

♀
云南
3cm

正　　　　反

♂
云南
2.5cm

正　　　　反

十四、弄蝶科 Hesperiidae

弄蝶为蝶类中的原始类群，一些特性和蛾类相接近。体形小至中型，身材粗短，体色深暗，密布鳞毛。头大，一般比胸部宽，眼的前方有长睫毛，触角棍棒状，短且基部互相远离，末端数节尖细弯曲如钩，这是弄蝶独有的特征。前翅呈三角形，后翅卵圆形。翅色大多暗淡，呈暗黑色、棕褐色、淡褐色或黄色，但也有少数种类色彩明快。雌雄成虫前足均正常，有步行能力。

弄蝶在多雨年份发生较多。早晚活动，飞行快速呈跳跃状，所以欧洲人也称弄蝶为"Skipper"，即跳跃者。爱在花丛中穿梭，许多弄蝶还有吸食鸟粪的偏好。

卵半球形或扁圆形，表面有不规则的纵横脊或雕纹。多散产。

幼虫头大，色深，身体纺锤形，前胸缩小而成颈状，光滑或有短毛，并常附有白色蜡粉。大多以豆类及禾草类植物为食，常将叶子卷折结网，形成叶苞，并藏身其中生活。

蛹长圆桶形，绿色或褐色，被以白色的蜡粉。化蛹在幼虫结成的叶苞或地面茧室中进行。

弄蝶呈全球性分布，一些种类为水稻、豆类、甘蔗、香蕉等农作物的重要害虫。目前世界上被记载的有 499 属 3500 多种，我国有 75 属 335 种左右。

（二二九）带弄蝶属 *Lobocla* Moore, 1884

全世界记载有 7 种。分布在东洋区和古北区。

621. 黄带弄蝶 *Lobocla liliana*（Atkinson，1871）

分布：中国南方地区；越南、泰国、老挝等东南亚国家。

正

反

♂
云南
4.5cm

（二三〇）珠弄蝶属 *Erynnis* Schrank, 1801

全世界记载有 4 种。主要分布在古北区。

622．深山珠弄蝶 *Erynnis montana*（Bremer，1861）

分布：中国中西部及东北广大地区；朝鲜、日本、俄罗斯等地。

正　　　　　　　　　♂　　　　　　　反
江苏
3.5cm

（二三一）白弄蝶属 *Abraximorpha* Elwes *et* Edwards, 1897

全世界记载有 4 种。主要分布在东洋区。

623．白弄蝶 *Abraximorpha davidii*（Mabille，1876）

分布：中国中部及以南地区；越南、马来西亚、缅甸等东南亚国家。

正

反

♀
江苏
4.5cm

（二三二）黑弄蝶属 *Daimio* Murray, 1875

全世界记载有 7 种。主要分布在东洋区。

624．黑弄蝶（带弄蝶、玉带弄蝶）*Daimio tethys*（Ménétriès，1857）

分布：中国南北各省区；朝鲜、日本、缅甸等地。

♀
江苏
3.5cm

正　　　　　　　反

（二三三）花弄蝶属 *Pyrgus* Hübner, 1819

全世界记载约 44 种。亚洲、欧洲、北美洲均有分布。

625．花弄蝶 *Pyrgus maculatus*（Bremer *et* Grey，1853）

分布：中国南北各省区；朝鲜、日本、俄罗斯等地。

♂
甘肃
2.5cm

正　　　　　　　反

（二三四）瑟弄蝶属 *Seseria* Matsumura, 1919

全世界记载有 6 种，主要分布在东南亚和南亚地区。

626．台湾瑟弄蝶 *Seseria formosana*（Fruhstorfer，1909）

分布：台湾。

♀
台湾
4.5cm

正　　　　　　　反

（二三五）绿弄蝶属 *Choaspes* Moore, 1881

全世界记载有 8 种。主要分布在亚洲、大洋洲和非洲。

627. 绿弄蝶 *Choaspes benjaminii*（Guérin-Méneville，1843）

分布：中国中部至东南部；越南、泰国、马来西亚、印度尼西亚等东南亚地区。

正

反

♂
江苏
5cm

（二三六）袖弄蝶属 *Notocrypta* de Nicéville, 1889

全世界记载约 12 种。分布在东洋区和澳洲区。

628. 曲纹袖弄蝶 *Notocrypta curvifascia*（C. *et* R. Felder，1862）

分布：中国浙江、四川、云南、广东、广西、香港及台湾；东亚至南亚的斯里兰卡、印度南部等地。

正　　　　　　　　♀
云南
4.5cm　　　　　　　反

（二三七）稻弄蝶属 *Parnara* Moore, 1881

本属幼虫俗称"稻苞虫"，为水稻主要害虫。全世界记载有 12 种。亚洲、非洲、澳洲均有分布。

629. 直纹稻弄蝶 *Parnara guttata*（Bremer *et* Grey，1853）

分布：中国南北各省区；朝鲜、日本、缅甸、印度、马来西亚、俄罗斯等地。

♀
江苏
4cm

正　　　　　　　　　反

630. 幺纹稻弄蝶 *Parnara bada*（Moore，1878）

分布：中国陕西、浙江、江西、云南及台湾；印度尼西亚、马来西亚、菲律宾、马达加斯加、毛里求斯等地。

♀
江苏
3cm

正　　　　　　　　　反

（二三八）谷弄蝶属 *Pelopidas* Walker, 1870

本属幼虫是水稻的重要害虫。全世界记载有 10 种。亚洲、非洲、大洋洲均有分布。

631. 古铜谷弄蝶 *Pelopidas conjuncta*（Herrich-Schäffer，1869）

分布：中国南北各省区；朝鲜、日本、印度尼西亚、马来西亚等地。

♂
江苏
3.5cm

正　　　　　　　　　反

（二三九）旖弄蝶属 *Isoteinon* C. *et* R. Felder, 1862

全世界记载仅 1 种，主要分布在东亚地区。

632. 旖弄蝶（白斑弄蝶）*Isoteinon lamprospilus* C. *et* R. Felder，1862

分布：中国中部至南部；东亚地区。

正

反

♀
云南
4cm

参考文献

陈树椿 . 1999. 中国珍稀昆虫图鉴 . 北京：中国林业出版社

顾茂彬，陈佩珍 . 1997. 海南岛蝴蝶 . 北京：中国林业出版社

黄灏，张巍巍 . 2008. 常见蝴蝶野外识别手册 . 重庆：重庆大学出版社

李传隆，朱宝云 . 1992. 中国蝶类图谱 . 上海：上海远东出版社

寿建新，周尧 . 2000. 中外蝴蝶邮票 . 西安：陕西科学出版社

寿建新，周尧，李宇飞 . 2006. 世界蝴蝶分类名录 . 西安：陕西科学出版社

孙桂华 . 2001. 世界蝴蝶博览 . 天津：天津人民美术出版社

童雪松 . 1993. 浙江蝶类志 . 杭州：浙江科学技术出版社

王敏，范骁凌 . 2002. 中国灰蝶志 . 郑州：河南科学技术出版社

汪学俭，丁翠珍，金道超 . 2013. 蝴蝶进化与起源的研究现状 . 生物学报，32(6): 547-552

武春生 . 2001. 中国动物志·昆虫纲（第二十五卷）·鳞翅目：凤蝶科 . 北京：科学出版社

武春生 . 2010. 中国动物志·昆虫纲（第五十二卷）·鳞翅目：粉蝶科 . 北京：科学出版社

萧刚柔 . 1992. 中国森林昆虫，第 2 版（增订本）. 北京：中国林业出版社

杨子琦，曹华国 . 2002. 园林植物病虫害防治图鉴 . 北京：中国林业出版社

虞国跃 . 2008. 中国蝴蝶观赏手册 . 北京：化学工业出版社

周尧 . 1994. 中国蝶类志 . 郑州：河南科学技术出版社

周尧 . 1998. 中国蝴蝶分类与鉴定 . 郑州：河南科学技术出版社

周尧 . 1999. 中国蝴蝶原色图鉴 . 郑州：河南科学技术出版社

周尧 . 2002. 周尧昆虫图集 . 郑州：河南科学技术出版社

周尧，袁锋，陈丽轸 . 2004. 世界名蝶鉴赏图谱 . 郑州：河南科学技术出版社

Ackery P R, de Jong R, Vane-Wright R I. 1999. The butterflies: Hedyloidea, Hesperioidea, and Papilionoidea. Pp. 264-300, // Lepidoptera: Moths and Butterflies. 1. Evolution, Systematics, and Biogeography. Handbook of Zoology 4(35), N. P. Kristensen, ed. De Gruyter, Berlin and New York.

Aubert J, Legal L, Descimon H, et al., 1999. "Molecular phylogeny of swallowtail butterflies of the tribe Papilionini (Papilionidae, Lepidoptera)". Mol Phylogenet Evol. 12 (2): 156-167.

Bingham C T. 1905. The Fauna of British India including Ceylon and Burma – Butterflies (Vol 1). London: Taylor and Francis.

Bingham C T. 1907. Fauna of British India, Including Ceylon and Burma. Butterflies. London, Taylor & Francis, 2:1-480.

Boggs C L, Watt B, Ehrlich P R, 2003. Butterflies. Ecology and Evolution Taking Flight. The University of Chicago Press, Cambridge University Press, Chicago and London.

Braby M F, 2005. Provisional checklist of genera of the Pieridae (Lepidoptera: Papilionidae). Zootaxa, 832: 1-16.

Braby M, Vila R., Pierce N E, 2006. Molecular phylogeny and systematics of the Pieridae (Lepidoptera: Papilionoidea: higher classification and biogeography. Zoological Journal of the Linnean Society, 147(2): 239-275.

Bridges A C. 1994. Catalogue of the family-group, genus-group and species-group names of the Riodinidae & Lycaenidae (Lepidoptera) of the world Urbana, Illinois VSA. 1-1115.

Brock J P, Kaufman K, 2003. Butterflies of North America. Boston: Houghton Mifflin. ISBN 0-618-15312-8.

Carter D. 2000. Butterflies and Moths. Dorling Kindersley, London. ISBN 0-7513-2707-7.

Chattopadhyay J. 2007. Swallowtail Butterflies, Biology & Ecology of a few Indian Species. Desh Prashan, Kolkata, India.

Collins N M, Collins M G. 1985. Threatened Swallowtails of the World: the IUCN red data book. IUCN Protected Area Programme Series. Gland, Switzerland and Cambridge, U.K.: IUCN. pp. 401, 8 plates.

DeVries P J. 1997. Butterflies of Costa Rica and their natural history. Vol 2 Riodinidae. Princeton University Press.

DeVries J. P., 2001. "Nymphalidae". In Simon A. Levin. Encyclopedia of Biodiversity Academic Press. pp. 559-573.

Eliot J N. 1973. The higher classification of the Lycaenidae] (Lepidoptera): a tentative arrangement.Bulletin of the British Museum (Natural History), entomology, 28(6): 371-505.

Fiedler K. 1996. Host-plant relationships of lycaenid butterflies: large-scale patterns, interactions with plant chemistry, and mutualism with ants. Entomologia Experimentalis et Applicata 80, (1): 259-267.

Guppy C S, Shepard J H. 2001. Butterflies of British Columbia. University of British Columbia Press, Vancouver, BC, 1-414.

Hall J P W, Harvey D J, 2002. A survey of androconial organs in the Riodinidae (Lepidoptera). Zoological Journal of the Linnean Society, 136(2): 171-197.

James D G, Nunnallee D. 2011. Life Histories of Cascadia Butterflies. Oregen: Oregen State University Prees: 1-448.

Korolev V A. 2014. Cataloges on the collection of Lepidoptera. Part II. Papilionidae. - Moscow, 387 p., 20 color tabs.

Pelham J. 2008. Catalogue of the Butterflies of the United States and Canada. Journal of Research on the lepicloptera 40:1-658.

Pierce N E, Braby M F, Heath A, et al., 2002. The ecology and evolution of ant association in the Lycaenidae (Lepidoptera.) Annual Review of Entomology, 47(1): 733-771.

Scoble M J. 1992. The Lepidoptera: Form, Function and Diversity. Oxford University Press.

Salmon M A, Marren, P, Harley B. 2001. The Aurelian Legacy: British Butterflies and Their Collectors. University of California Press: 1-252.

Savela M, 2007. Markku Savela's Lepidoptera and some other life forms: Riodinidae.

Scoble M J. 1992. The Lepidoptera: Form, Function and Diversity. Oxford University Press.

Talbot G. 1939. The Fauna of British India. Butterflies. Volume 1. Papilionidae and Pieridae. London: Taylor & Francis, 600.

Warren A D, Davis K J, Grishin N V, 2012. Interactive Listing of American Butterflies.

维基百科网站：https://en.wikipedia.org/wiki/Main_Page

鳞翅目数据库网站：http://lepidoptera.pro/

生命百科全书网站：http://eol.org/

英国自然历史博物馆研究项目：世界蝴蝶和蛾类数据库　　http://www.nhm.ac.uk/research-curation/research/projects/butmoth/search/index.dsml

蝴蝶中文名索引

蝴蝶拉丁学名索引

O

P